城镇供水行业职业技能培训系列丛书

仪器仪表维修工（供水）考试大纲及习题集

Instrumentation Maintenancer (Water Supply):
Exam Outline and Exercise

南京水务集团有限公司　主编

中国建筑工业出版社

图书在版编目（CIP）数据

仪器仪表维修工（供水）考试大纲及习题集 = Instrumentation Maintenancer (Water Supply): Exam Outline and Exercise / 南京水务集团有限公司主编. — 北京：中国建筑工业出版社，2023.2
（城镇供水行业职业技能培训系列丛书）
ISBN 978-7-112-28308-8

Ⅰ.①仪… Ⅱ.①南… Ⅲ.①城市供水—仪器—维修—技术培训—考试大纲②城市供水—仪表—维修—技术培训—考试大纲③城市供水—仪器—维修—技术培训—习题集④城市供水—仪表—维修—技术培训—习题集 Ⅳ.①TU991

中国国家版本馆 CIP 数据核字(2023)第 017342 号

为了更好地贯彻实施《城镇供水行业职业技能标准》CJJ/T 225—2016，并进一步提高供水行业从业人员职业技能，南京水务集团有限公司主编了《城镇供水行业职业技能培训系列丛书》。本书为丛书之一，以仪器仪表维修工（供水）岗位应掌握的知识为指导，由考试大纲、习题集和模拟试卷、参考答案等内容组成。

本书可用于城镇供水行业职业技能培训教学使用，也可作为行业职业技能大赛命题的参考依据。

责任编辑：李 雪 杜 洁 胡明安
责任校对：张惠雯

城镇供水行业职业技能培训系列丛书
仪器仪表维修工（供水）考试大纲及习题集
Instrumentation Maintenancer (Water Supply): Exam Outline and Exercise
南京水务集团有限公司 主编

*

中国建筑工业出版社出版、发行（北京海淀三里河路 9 号）
各地新华书店、建筑书店经销
北京红光制版公司制版
北京建筑工业印刷厂印刷

*

开本：787 毫米×1092 毫米 1/16 印张：10¾ 字数：268 千字
2023 年 2 月第一版 2023 年 2 月第一次印刷
定价：**38.00** 元
ISBN 978-7-112-28308-8
（40626）

版权所有 翻印必究
如有印装质量问题，可寄本社图书出版中心退换
（邮政编码 100037）

《城镇供水行业职业技能培训系列丛书》
编审委员会

主　　编：周克梅
审　　定：许红梅
委　　员：周卫东　周　杨　陈志平　竺稽声　戎大胜　祖振权
　　　　　臧千里　金　陵　王晓军　李晓龙　赵　冬　孙晓杰
　　　　　张荔屏　刘海燕　杨协栋　张绪婷
主编单位：南京水务集团有限公司
参编单位：江苏省城镇供水排水协会

本书编委会

主　　编：李晓龙
参　　编：张少凯　毕小稳　庞颐泽　马平华

《城镇供水行业职业技能培训系列丛书》
序　　言

城镇供水，是保障人民生活和社会发展必不可少的物质基础，是城镇建设的重要组成部分，而供水行业从业人员的职业技能水平又是供水安全和质量的重要保障。1996 年，中国城镇供水协会组织编制了《供水行业职业技能标准》，随后又编写了配套培训丛书，对推进城镇供水行业从业人员队伍建设具有重要意义。随着我国城市化进程的加快，居民生活水平不断提升，生态环境保护要求日益提高，城镇供水行业的发展迎来新机遇、面临更大挑战，同时也对行业从业人员提出了更高的要求。我们必须坚持以人为本，不断提高行业从业人员综合素质，以推动供水行业的进步，从而使供水行业能适应整个城市化发展的进程。

2007 年，根据原建设部修订有关工程建设标准的要求，由南京水务集团有限公司主要承担《城镇供水行业职业技能标准》的编制工作。南京水务集团有限公司，有近百年供水历史，一直秉承"优质供水、奉献社会"的企业精神，职工专业技能培训工作也坚持走在行业前端，多年来为江苏省内供水行业培养专业技术人员数千名。因在供水行业职业技能培训和鉴定方面的突出贡献，南京水务集团有限公司曾多次受省、市级表彰，并于 2008 年被人力资源和社会保障部评为"国家高技能人才培养示范基地"。2012 年 7 月，由南京水务集团有限公司主编，东南大学、南京工业大学等参编的《城镇供水行业职业技能标准》完成编制，并于 2016 年 3 月 23 日由住房城乡建设部正式批准为行业标准，编号为 CJJ/T 225—2016，自 2016 年 10 月 1 日起实施。该标准的颁布，引起了行业内广泛关注，国内多家供水公司对《城镇供水行业职业技能标准》给予了高度评价，并呼吁尽快出版《城镇供水行业职业技能标准》配套培训教材。

为更好地贯彻实施《城镇供水行业职业技能标准》，进一步提高供水行业从业人员职业技能，自 2016 年 12 月起，南京水务集团有限公司又启动了《城镇供水行业职业技能标准》配套培训系列丛书的编写工作。考虑到培训系列教材应对整个供水行业具有适用性，中国城镇供水排水协会对编写工作提出了较为全面且具有针对性的调研建议，也多次组织专家会审，为提升培训教材的准确性和实用性提供技术指导。历经两年时间，通过广泛调查研究，认真总结实践经验，参考国内外先进技术和设备，《城镇供水行业职业技能标准》配套培训系列丛书终于顺利完成编制，即将陆续出版。

该系列丛书围绕《城镇供水行业职业技能标准》中全部工种的职业技能要求展开，结合我国供水行业现状、存在问题及发展趋势，以岗位知识为基础，以岗位技能为主线，坚持理论与生产实际相结合，系统阐述了各工种的专业知识和岗位技能知识，可作为全国供水行业职工岗位技能培训的指导用书,也能作为相关专业人员的参考资料。《城镇供水行业职业技能标准》配套培训教材的出版,可以填补供水行业职业技能鉴定中新工艺、新技术、新设备的应用空白,为提高供水行业从业人员综合素质提供了重要保障,必将对整个供水行业的蓬勃发展起到极大的促进作用。

中国城镇供水排水协会

2018 年 11 月 20 日

《城镇供水行业职业技能培训系列丛书》
前　言

　　城镇供水行业是城镇公用事业的有机组成部分，对提高居民生活质量、保障社会经济发展起着至关重要的作用，而从业人员的职业技能水平又是城镇供水质量和供水设施安全运行的重要保障。1996年，按照国务院和劳动部先后颁发的《中共中央关于建立社会主义市场经济体制若干规定》和《职业技能鉴定规定》有关建立职业资格标准的要求，建设部颁布了《供水行业职业技能标准》，旨在着力推进供水行业技能型人才的职业培训和资格鉴定工作。通过该标准的实施和相应培训教材的陆续出版，供水行业职业技能鉴定工作日趋完善，行业从业人员的理论知识和实践技能都得到了显著提高。随着国民经济的持续、高速发展，城镇化水平不断提高，科技发展日新月异，供水行业在净水工艺、自动化控制、水质仪表、水泵设备、管道安装及对外服务等方面都发展迅速，企业生产运营管理也显著进步，这就使得职业技能培训和鉴定工作逐渐滞后于整个供水行业的发展和需求。因此，为了适应新形势的发展，2007年原建设部制定了《2007年工程建设标准规范制订、修订计划（第一批）》，经有关部门推荐和行业考察，委托南京水务集团有限公司主编《城镇供水行业职业技能标准》，以替代96版《供水行业职业技能标准》。

　　2007年8月，南京水务集团精心挑选50名具备多年基层工作经验的技术骨干，并联合东南大学、南京工业大学等高校和省住建系统的14位专家学者，成立了《城镇供水行业职业技能标准》编制组。通过实地考察调研和广泛征求意见，编制组于2012年7月完成了《供水行业职业技能标准》的编制，后根据住房和城乡建设部标准定额司、人事司及市政给水排水标准化技术委员会等的意见，进行修改完善，并于2015年10月将《供水行业职业技能标准》中所涉工种与《中华人民共和国职业分类大典》（2015版）进行了协调。2016年3月23日，《城镇供水行业职业技能标准》由住房城乡建设部正式批准为行业标准，编号为CJJ/T 225—2016，自2016年10月1日起实施。

　　《供水行业职业技能标准》颁布后，引起供水行业的广泛关注，不少供水企业针对《供水行业职业技能标准》的实际应用提出了问题：如何与生产实际密切结合，如何正确理解把握新工艺、新技术，如何准确应对具体计算方法的选择，如何避免因传统观念陷入故障诊断误区等。为了配合《城镇供水行业职业技能标准》在全国范围内的顺利实施，2016年10月，南京水务集团启动《城镇供水行业职业技能培训系列丛书》的编写工作。编写组在综合国内供水行业调研成果以及企业内部多年实践经验的基础上，针对目前供水行业理论和工艺、技术的发展趋势，充分考虑职业技能培训的针对性和实用性，历时两年多，完成了《城镇供水行业职业技能培训系列丛书》的编写。

　　《城镇供水行业职业技能培训系列丛书》一共包含了10个工种，除《中华人民共和国职业分类大典》（2015版）中所涉及的8个工种，即自来水生产工、化学检验员（供水）、供水泵站运行工、水表装修工、供水调度工、供水客户服务员、仪器仪表维修工（供水）、供水管道工之外，还有《中华人民共和国职业分类大典》（2015年版）中未涉及但在供水行业中较为重要的泵站机电设备维修工、变配电运行工2个工种。

《城镇供水行业职业技能培训系列丛书》在内容设计和编排上具有以下特点：（1）整体分为基础理论和基本知识、专业知识和操作技能、安全生产知识共三大部分，各部分占比约为3:6:1；（2）重点介绍国内供水行业主流工艺、技术、设备，对已经过时和应用较少的技术及设备只作简单说明；（3）重点突出岗位专业技能和实际操作，对理论知识只讲应用，不作深入推导；（4）重视信息和计算机技术在各生产岗位的应用，为智慧水务的发展奠定基础。《城镇供水行业职业技能培训系列丛书》既可作为全国供水行业职工岗位技能培训的指导用书，也能作为相关专业人员的参考资料。

《城镇供水行业职业技能培训系列丛书》在编写过程中，得到了中国城镇供水排水协会的指导和帮助，刘志琪秘书长对编写工作提出了全面且具有针对性的调研建议，也多次组织专家会审，为提升培训教材的准确性和实用性提供了技术指导；东南大学张林生教授全程指导丛书编写，对每个分册的参考资料选取、体量结构、理论深度、写作风格等提出大量宝贵的意见，并作为主要审稿人对全书进行数次详尽的审阅；中国生态城市研究院智慧水务中心高雪晴主任协助编写组广泛征集意见，提升教材适用性；深圳水务集团，广州水投集团，长沙水业集团，重庆水务集团，北京市自来水集团，太原供水集团等国内多家供水企业对编写及调研工作提供了大力支持，值此《城镇供水行业职业技能培训系列丛书》付梓之际，编写组一并在此表示最真挚的感谢！

《城镇供水行业职业技能培训系列丛书》编写组水平有限，书中难免存在错误和疏漏，恳请同行专家和广大读者批评指正。

南京水务集团有限公司

2019年1月2日

前　言

本书是《仪器仪表维修工（供水）基础知识与专业实务》的配套用书，由考试大纲、习题集和模拟试卷、参考答案等内容组成。

本书的内容设计和编排有以下特点：（1）考试大纲深入贯彻《城镇供水行业职业技能标准》CJJ/T 225—2016，具备行业权威性；（2）习题集对照《仪器仪表维修工（供水）基础知识与专业实务》进行编写，针对性和实用性强；（3）习题内容丰富，形式灵活多样，有利于提高学员学习兴趣；（4）习题集力求循序渐进，由浅入深，整体理论难度适中，重点突出实践，方便教学安排和学员理解掌握。

本书可用于城镇供水行业职业技能培训教学使用，也可作为行业职业技能大赛命题的参考依据和供水从业人员学习的参考资料。

本书在编写过程中，得到了多位同行专家和高校老师的热情帮助和支持，特此致谢！由于编者水平有限，不妥与错漏之处在所难免，恳请读者批评指正。

仪器仪表维修工（供水）编写组

2022 年 10 月

目 录

第一部分 考试大纲 ·· 1
职业技能五级仪器仪表维修工（供水）考试大纲 ·· 3
职业技能四级仪器仪表维修工（供水）考试大纲 ·· 5
职业技能三级仪器仪表维修工（供水）考试大纲 ·· 7

第二部分 习题集 ··· 9
第 1 章 供水工程仪表基础知识 ·· 11
第 2 章 计量知识 ··· 14
第 3 章 供水自动控制系统基本理论 ·· 18
第 4 章 电工与电子学知识 ·· 23
第 5 章 计算机与 PLC 基础知识 ··· 30
第 6 章 自来水生产工艺和相关基础知识 ··· 37
第 7 章 仪表安装知识与技能 ·· 40
第 8 章 常用测量仪器仪表的使用 ··· 45
第 9 章 常用在线监测仪表的使用、安装与维护 ··· 57
第 10 章 在线水质监测仪表使用、安装与维护 ··· 70
第 11 章 执行器与其他类型仪表 ·· 77
第 12 章 PLC 控制系统软硬件操作 ·· 82
第 13 章 安全生产 ·· 85
仪器仪表维修工（供水）（五级 初级工）理论知识试卷 ······························· 88
仪器仪表维修工（供水）（四级 中级工）理论知识试卷 ······························· 95
仪器仪表维修工（供水）（三级 高级工）理论知识试卷 ······························· 103
仪器仪表维修工（供水）（五级 初级工）操作技能试题 ······························· 111
仪器仪表维修工（供水）（四级 中级工）操作技能试题 ······························· 114
仪器仪表维修工（供水）（三级 高级工）操作技能试题 ······························· 118

第三部分 参考答案 ·· 125
第 1 章 供水工程仪表基础知识 ·· 127
第 2 章 计量知识 ·· 129
第 3 章 供水自动控制系统基本理论 ··· 131
第 4 章 电工与电子学知识 ··· 133
第 5 章 计算机与 PLC 基础知识 ·· 136
第 6 章 自来水生产工艺和相关基础知识 ··· 140
第 7 章 仪表安装知识与技能 ·· 142
第 8 章 常用测量仪器仪表的使用 ··· 144

第9章 常用在线监测仪表的使用、安装与维护 ……………………… 148
第10章 在线水质监测仪表使用、安装与维护 ………………………… 153
第11章 执行器与其他类型仪表 ………………………………………… 155
第12章 PLC控制系统软硬件操作 ……………………………………… 157
第13章 安全生产 ………………………………………………………… 158
仪器仪表维修工（供水）（五级　初级工）理论知识试卷参考答案 ……… 160
仪器仪表维修工（供水）（四级　中级工）理论知识试卷参考答案 ……… 161
仪器仪表维修工（供水）（三级　高级工）理论知识试卷参考答案 ……… 162

第一部分　考试大纲

职业技能五级仪器仪表维修工(供水)考试大纲

1. 掌握工器具的安全使用方法
2. 熟悉防护用品的功用
3. 了解安全生产基本法律法规
4. 掌握安全用电知识
5. 了解供水工艺生产过程和相关设备的基本知识
6. 掌握控制、电气仪表图例、符号的表示与含义
7. 掌握供水仪表操作规程
8. 了解压力表、温度计、电流表、电压表、电度表、功率因素表、执行器原理与使用方法
9. 熟悉液位仪、压力表、流量计、温度计、浊度仪、pH计、余氯仪等仪表原理与使用方法及现场比对规程
10. 熟悉万用表、兆欧表等测试仪表的工作原理及使用方法
11. 熟悉电工、钳工、仪表检修工具的使用方法及注意事项
12. 掌握标准仪器的使用方法及注意事项
13. 掌握供水仪表(压力表、温度计、流量计、液位仪、电流表、电压表、电度表、功率因素表、执行器等)停用与投入运行的操作规程
14. 掌握仪表防冻、防腐、防泄漏的处理方法
15. 了解PLC控制系统的操作知识
16. 了解测量误差知识
17. 掌握初级计算机应用基础知识
18. 熟悉电工基础知识
19. 了解检测技术的基础知识
20. 了解电磁兼容、电磁干扰基础知识
21. 能识读供水工艺流程中仪器、仪表的配备图
22. 能识读自控仪表安装的工艺流程图
23. 能识读控制、电气仪表电气接线图
24. 能识读可编程控制系统配置图
25. 能根据仪表维护需要选用工具、器具与材料
26. 能进行计算机的简单操作
27. 能正确巡检供水仪表,判别现场仪器仪表是否处于正常工作状态
28. 能参与对供水仪表(压力表、温度计、流量计、液位仪、浊度仪、pH计、余氯仪等仪表)开展的现场比对工作
29. 能按仪表操作规程正确使用和维护供水仪表(压力表、温度计、流量计、液位

仪、电流表、电压表、电度表、功率因素表、执行器等）

30. 能判断仪表现场信号、远程信号是否一致
31. 能正确判识信号报警联锁保护系统发出的信号
32. 能正确使用万用表、兆欧表等测试仪表
33. 能对现场仪表进行防冻、防腐、防泄漏、防堵塞处理
34. 能对PLC控制系统进行简单操作
35. 能正确对压力表、温度计、流量计、液位仪、电流表、电压表、电度表、功率因素表、执行器等仪表进行停用与投入运行操作
36. 能对压力表、温度计、流量计、液位仪、电流表、电压表、电度表、功率因素表进行一般检修和调试
37. 能进行一般误差计算

职业技能四级仪器仪表维修工(供水)考试大纲

1. 掌握本工种安全操作规程
2. 熟悉安全生产基本常识及常见安全生产防护用品的功用
3. 了解安全生产基本法律法规
4. 了解自动控制系统的组成及功能
5. 了解仪表相关电气控制知识
6. 了解机械加工基本知识
7. 了解钳工基本知识
8. 熟悉常用供水仪表材料、配件的性能及使用知识
9. 熟悉计算机应用基础知识
10. 了解智能仪表的基本知识
11. 熟悉仪表及自动控制系统的使用注意事项和防护措施
12. 了解有毒气体报警器的工作原理及使用方法
13. 了解标准信号发生器、频率发生器、示波仪等测试仪器的使用方法
14. 了解 PLC 控制系统的基础知识
15. 了解单回路控制系统仪表的检修规程
16. 掌握仪表电源要求,熟悉仪表故障原因的分析方法
17. 熟悉压力表、温度计、流量计、液位仪等仪表的工作原理
18. 掌握流量计、液位仪、浊度仪、pH 计、余氯仪、氨氮仪、COD 等仪表的调试、启用与停用方法
19. 掌握流量计、液位仪、浊度仪、pH 计、余氯仪、氨氮仪、COD 等仪表的检修规程
20. 了解自控理论基础知识,熟悉信号报警联锁系统的基本知识
21. 掌握流量计、液位仪、浊度仪、pH 计、余氯仪、氨氮仪、COD 等仪表故障判断及处理方法
22. 了解信号线路接地与仪表防雷知识
23. 能识读仪表及自控系统原理图
24. 能识读仪表报警与电气控制联锁原理图
25. 能识读仪表管件接头等零件加工图
26. 能根据仪表安装、维修需要选用所需材料及配件
27. 具有计算机操作与使用能力
28. 能正确使用和维护智能仪表
29. 能正确使用和维护自动控制系统
30. 能正确使用和维护有毒气体报警器

31. 能使用标准信号发生器、频率发生器、示波仪等测试仪器
32. 能对 PLC 控制系统进行熟练操作
33. 能识读仪表发出的报警信息
34. 能对单回路控制系统进行检修、启用与停用
35. 能进行信号报警联锁系统的解除、启用与停用
36. 能对浊度仪、pH 计、余氯仪、氨氮仪、COD 等仪表进行检修、调试、启用与停用
37. 能计算浊度仪、pH 计、余氯仪、氨氮仪、COD 等仪表的测量误差并设定合理量程
38. 能判断和排除正在运行的压力表、温度计、流量计、液位仪等仪表的故障
39. 能根据仪表记录数据或曲线等信息判断事故的原因
40. 能排除浊度仪、pH 计、余氯仪、氨氮仪、COD 等仪表故障
41. 能处理生产过程中单回路控制系统出现的故障
42. 能判断仪表信号接入控制系统信号失真故障与排除
43. 能安装、维修压力表、温度计、流量计、液位仪等仪表
44. 能安装、维修电流表、电压表、电度表、功率因素表

职业技能三级仪器仪表维修工(供水)考试大纲

1. 掌握本工种安全操作规程及安全施工措施
2. 熟悉安全生产基本常识及常见安全生产防护用品的功用
3. 了解安全生产基本法律法规
4. 熟悉自动化仪表安装及验收技术规范
5. 熟悉与仪表有关的机械设备装配知识
6. 掌握智能仪表操作方法
7. 掌握仪表材料、配件的性能及使用知识
8. 了解检修工具的制作方法
9. 掌握仪表操作规程的编制知识
10. 掌握压力表、温度计、流量计、液位仪、浊度仪、pH计、余氯仪、氨氮仪、COD等仪表的安装、调试知识
11. 了解自动控制原理
12. 了解有毒气体报警系统知识与信号报警联锁系统的逻辑控制知识
13. 了解比例、前馈、反馈等复杂控制系统的维护知识、检修规程,熟悉系统故障判断与处理方法
14. 了解计算机控制系统应用软件知识,熟悉PLC等控制设备硬件知识、硬件故障的处理方法
15. 掌握设备修理网络计划知识
16. 掌握质量管理知识
17. 熟悉班组管理知识
18. 熟悉班组经济核算知识
19. 能识读自动化仪表工程施工图
20. 能识读与仪表有关的机械设备装配图
21. 能根据仪表维护需要选用适用的材料及配件
22. 能根据仪表维护需要自制安装与检修用的专用工具
23. 能根据工艺要求对控制系统的参数进行整定
24. 能编制浊度仪、pH计、余氯仪、氨氮仪、COD等仪表的维护规程
25. 能进行浊度仪、pH计、余氯仪、氨氮仪、COD等仪表安装及调试
26. 能对比例、前馈、反馈等控制系统进行检修、启用与停用
27. 能判断和排除比例、前馈、反馈等复杂控制系统出现的故障
28. 能对信号报警联锁系统进行调试
29. 能对输入输出点数在1024点以下的PLC等控制系统进行维护
30. 能处理PLC等控制设备的硬件故障

31. 能利用控制站的相关信息分析生产事故原因并进行故障处理
32. 能应用质量管理知识组织班组开展质量管理活动
33. 能组织仪表工协同作业，完成修理任务
34. 能指导本职业初、中级工进行实际操作

第二部分 习题集

黒い眼と茶色の目

第1章 供水工程仪表基础知识

一、单选题

1. 按仪表所使用的能源分类，可以分为气动仪表、电动仪表和（　　）。
   A 液动仪表　　B 基地式仪表　　C 现场仪表　　D 架装仪表
2. 按仪表组合形式，可以分为基地式仪表、单元组合仪表和（　　）。
   A 液动仪表　　B 综合控制装置　　C 气动仪表　　D 电动仪表
3. 按仪表安装形式，可以分为现场仪表、盘装仪表和（　　）。
   A 液动仪表　　B 电动仪表　　C 架装仪表　　D 综合控制装置
4. 按仪表在测量与控制系统中的作用进行划分，一般分为检测仪表、显示仪表，调节（控制）仪表和（　　）4大类。
   A 执行器　　B 分析仪表　　C 远传仪表　　D 现场仪表
5. 检测仪表的被测变量一般分为5大类，其中包括压力、温度、流量、物位和（　　）。
   A 湿度　　B 振动值　　C 速度　　D 成分
6. 显示仪表根据可以分为记录仪表和指示仪表、模拟仪表和（　　）。
   A 数显仪表　　B 分析仪表　　C 电动仪表　　D 综合控制装置
7. 调节仪表可以分为基地式调节仪表和（　　）。
   A 模拟仪表　　　　　　　　B 单元组合式调节仪表
   C 综合控制装置　　　　　　D 执行器
8. 仪表的复现性通常用来表示仪表的（　　）。
   A 抗干扰能力　　B 智能化水平　　C 精确度　　D 灵敏度
9. 我们无法控制的误差是（　　）。
   A 疏忽误差　　B 缓变误差　　C 随机误差　　D 系统误差
10. 稳定性是现代仪表的重要性能指标之一，通常用仪表（　　）来衡量仪表的稳定性。
    A 零点误差　　B 零点漂移　　C 仪表变差　　D 仪表精度
11. 仪表输出的变化与引起变化的被测变量变化值之比称为仪表的（　　）。
    A 相对误差　　B 灵敏度　　C 灵敏限　　D 准确度
12. 下列关于随机误差的叙述中，不正确的是（　　）。
    A 随机误差是由某些偶然因素造成的
    B 随机误差中大小相近的正负误差出现的概率相等
    C 随机误差只要认真执行标准方法和测定条件是可以避免的
    D 随机误差中小误差出现的频率高

13. 产生测量误差的原因有（　　）。
   A 人的原因　　　B 仪器原因　　　C 外界条件原因　　　D 以上都是
14. 测量复现性是在（　　）测量条件下，其结果一致的程度。
   A 同一　　　B 不同　　　C 任一　　　D 随机
15. 稳定性是现代仪表的重要性能指标之一，在（　　）工作条件内，仪表某些性能随时间保持不变的能力称为稳定性。
   A 规定　　　B 标准　　　C 实际　　　D 任何
16. 可靠性是现代仪表的重要性能指标之一，可靠性是指仪表（　　）的程度。
   A 产生误差大小　　　B 发生测量畸变　　　C 发生故障　　　D 精度降低
17. 仪表精度等级是根据已选定的仪表量程和工艺生产上所允许的最大（　　）求允许的最大相对百分误差（即引用误差）来确定的。
   A 测量范围　　　B 相对误差　　　C 绝对误差　　　D 变差
18. 可靠性是现代仪表的重要性能指标之一，如果仪表发生故障越少，故障发生时间越短，表示该仪表（　　）。
   A 产生误差小　　　B 灵敏度低　　　C 仪表精度高　　　D 可靠性越好
19. 可靠性是现代仪表的重要性能指标之一，通常用（　　）来描述仪表的可靠性。
   A 平均故障发生时间　　　　　　B 平均无故障时间 MTBF
   C 平均故障发生次数　　　　　　D 平均无故障发生次数
20. 灵敏度是数字式仪表的重要性能指标之一。在数字式仪表中，用（　　）表示仪表灵敏度的大小。
   A 不确定度　　　B 平均无故障时间　　　C 分辨力　　　D 形态误差
21. 稳定性是现代仪表的重要性能指标之一，在规定工作条件内，仪表某些性能随（　　）保持不变的能力称为稳定性。
   A 温度　　　B 湿度　　　C 时间　　　D 地点
22. 灵敏度又称为（　　）。
   A 放大比　　　B 缩小比　　　C 分辨力　　　D 分辨率
23. 灵敏度是指仪表静特性曲线上各点的（　　）。
   A 差值　　　B 乘积　　　C 斜率　　　D 梯度

二、多选题

1. 执行机构按能源划分为（　　）。
   A 气动执行器　　　　　　B 电动执行器
   C 液动执行器　　　　　　D 手动执行器
   E 薄膜式执行器
2. 误差通常可以分为（　　）。
   A 疏忽误差　　　　　　B 缓变误差
   C 系统误差　　　　　　D 随机误差
   E 综合误差
3. 仪表变差产生的主要原因是（　　）。

A　传动机构的间隙　　　　　　　B　运动部件的摩擦
C　弹性元件滞后　　　　　　　　D　电子元件的抗干扰能力
E　仪表外部的环境因素

三、判断题

（　）1. 有效数字的位数越多，数值的精确度也越大，相对误差越小。
（　）2. 在规定工作条件内，仪表某些性能随时间变化的能力称为稳定性。
（　）3. 仪表的精度越高，其灵敏度越高。
（　）4. 通常以相对误差来确定仪表的精度等级。
（　）5. 通常用最大相对百分误差来确定仪表的精度。
（　）6. 在用误差表示精度时，是指随机误差和系统误差之和。
（　）7. 测量复现性是在相同测量条件下，其结果一致的程度。

四、问答题

1. 写出相对误差公式和公式中各符号的含义。
2. 写出变差公式和公式中各符号的含义。
3. 为提高仪表精确度，需要进行误差分析，误差通常可以分为哪些？
4. 仪表的主要性能指标包括哪些？
5. 常用检测仪表的被测量有5大类，分别是什么？

第 2 章 计 量 知 识

一、单选题

1. 下列不属于 SI 基本单位的是（　　）。
   A m（米）　　　B s（秒）　　　C N（牛顿）　　　D cd（坎德拉）

2. 国际单位制的压力单位即法定计量单位是（　　）。
   A 牛顿　　　B 帕斯卡（Pa）　　　C 公斤/厘米　　　D 物理大气压

3. 1bar 相当于（　　）MPa。
   A 1　　　B 10　　　C 0.1　　　D 0.01

4. 如果热力学温度是 273.15K，相对应于摄氏温度是（　　）℃。
   A 273.15　　　B 0　　　C 100　　　D 32.15

5. 1MPa 压力约相当于（　　）m 水柱压力。
   A 1　　　B 10　　　C 100　　　D 1000

6. 选用密度数值时，一定要注意介质的（　　）。
   A 体积　　　B 湿度　　　C 温度　　　D 质量

7. 一个标准物理大气压约相当于（　　）MPa。
   A 10　　　B 1　　　C 0.1　　　D 0.01

8. 仪表指示装置所显示的被测值称为（　　）。
   A 真值　　　B 示值　　　C 有效值　　　D 测量值

9. 计量学最本质的特征是（　　）。
   A 准确性　　　B 法制性　　　C 技术性　　　D 统一性

10. 下列单位名称不是国际单位制单位的是（　　）。
    A 米（m）　　　B 摩尔（mol）　　　C 摄氏度（℃）　　　D 千克（kg）

11. 词头符号的字母，当其所表示的因数小于（　　）时，一律用小写。
    A 10^{12}　　　B 10^9　　　C 10^6　　　D 10^3

12. （　　）是指表征合理赋予被测量之值的分散性，与测量结果相联系的参数。
    A 精确度　　　　　　　　　B 准确度
    C 测量不确定度　　　　　　D 正确度

13. 下列不属于计量检定工作需要具备的重要条件（　　）。
    A 满足检定规程的环境条件　　　　B 合格的检定人员
    C 达到精度的计量标准器　　　　　D 计量器具使用履历表

14. 按一般规定，作为标准器的误差限至少应是被检计量器具的误差限的（　　）。
    A 1/3～1/10　　　B 1/2～1/10　　　C 1/3～1/5　　　D 1/2～1/5

15. "检定员证"由政府计量行政部门或企业主管部门主持考核，成绩合格后颁发，一般有效期( )年。
    A 1～3   B 2～3   C 3～5   D 5～8
16. 测量不确定度实质上就是对( )所处范围的评定。
    A 被测值   B 真值   C 测量误差   D 基本误差
17. 测量不确定度是对( )可能大小的评定。
    A 测量误差   B 基本误差   C 静态误差   D 动态误差
18. 仪表的最大引用误差与仪表的具体( )无关。
    A 示值   B 真值   C 约定真值   D 相对误差
19. 下列法定计量单位和词头叙述正确的为( )。
    A N·km   B kN·m   C Kn·m   D N·Km
20. 任何测量都是与( )相关的。
    A 环境条件   B 物理条件   C 化学条件   D 使用时间
21. 仪表的引用误差允许值又称为( )。
    A 允许误差   B 引用误差   C 基本误差   D 检测误差
22. 电导单位"西[门子]"的符号是( )。
    A N   B L   C Pa   D S
23. 压力、压强、应力的单位"帕[斯卡]"的符号是( )。
    A N   B L   C Pa   D S
24. 国家选定的作为法定计量单位的非SI单位的有( )。
    A rad   B sr   C eV   D Pa
25. 包括SI辅助单位在内的具有专门名称的部分SI导出单位包括( )。
    A rad   B min   C h   D eV
26. SI单位的倍数单位,包括SI单位的十进倍数单位和十进分数单位,例如10^6的中文词头名称为( )。
    A 吉   B 兆   C 太   D 千
27. 计量器具检定一般采取两种方法,一是送检,二是( )。
    A 自检   B 第三方检测   C 上门检测   D 远程检测
28. 量值传递系统是指通过检定,将国家基准所( )的计量单位量值通过标准逐级传递到工作用计量器具。
    A 复现   B 自现   C 规定   D 要求
29. 一般用( )占约定真值的百分数来衡量仪表的精度。
    A 相对误差   B 绝对误差   C 检测误差   D 基本误差
30. 随机误差有三条特性:有界性、对称性和( )。
    A 单峰性   B 抵偿性   C 双峰性   D 以上都不对

二、多选题

1. 国际单位制是由( )组成。
    A SI单位   B SI单位的倍数单位
    C 非SI单位   D 复合单位

E　SI 单位的分数单位

2. SI 单位是由（　　）组成。

A　非 SI 单位　　　　　　　　　　B　SI 基本单位

C　SI 导出单位　　　　　　　　　D　复合单位

E　SI 单位的倍数单位

3. SI 单位的倍数单位是由（　　）组成。

A　SI 基本单位　　　　　　　　　B　SI 导出单位

C　SI 单位的十进倍数单位　　　　D　SI 单位的十进分数单位

E　SI 导出单位

4. SI 基本单位包括（　　）。

A　m　　　　　　　　　　　　　　B　kg

C　s　　　　　　　　　　　　　　D　A

E　h

5. SI 导出单位包括（　　）。

A　rad　　　　　　　　　　　　　B　sr

C　Hz　　　　　　　　　　　　　D　N

E　eV

三、判断题

（　　）1. 校准一般是用比被校计量器具精度高的计量器具与被校计量器具进行比较，以确定被校计量器具的示值误差，有时也包括部分计量性能。

（　　）2. 计量是实现单位统一、量值准确可靠的活动。

（　　）3. 检定是指查明和确认计量器具是否符合法定要求的程序，它包括检查、加标记和出具检定证书。

（　　）4. 国际单位制是在厘米制的基础上发展起来的一种一贯单位制。

（　　）5. 力矩的单位用 N·km 表示。

（　　）6. 包含 SI 辅助单位在内的具有专门名称的 SI 导出单位共有 21 个。

（　　）7. SI 导出单位是用 SI 基本单位以符号形式表示的单位。

（　　）8. 我国在法定计量单位中，为 11 个物理量选定了 15 个与 SI 单位并用的非 SI 单位。

（　　）9. 校准和检定是两个不同的概念，但两者之间有密切的联系。

（　　）10. 计量器具检定后应认真填写记录，加盖检定印章，签上检定、复核、主管人员的姓名。

四、问答题

1. 校准应满足的基本要求是什么？
2. 检定与校准的异同有哪些？
3. 计量器具送检所需费用包括哪些？
4. 计量检定工作要具备哪些基本的条件？

5. 量值传递定义是什么？
6. 计量标准器、配套仪器和技术资料应具备哪些要求条件？
7. 仪表的静态误差和动态误差各表示什么？
8. 合成不确定度是指什么？

第3章 供水自动控制系统基本理论

一、单选题

1. 自动控制系统的组成一般包括比较、控制器，（　　），执行机构和测量变送器四个环节。
　　A　被控对象　　　　B　控制对象　　　　C　控制参数　　　　D　传递函数
2. 一般大中型控制系统中要求分散控制、集中管理的场合常采用（　　）。
　　A　PLC控制系统　　B　DCS控制系统　　C　FCS控制系统　　D　以上均可以
3. 频率响应是时间响应的特例，是控制系统对（　　）输入信号的稳态正弦响应。
　　A　正弦　　　　　　B　余弦　　　　　　C　方波　　　　　　D　阶跃
4. 影响自动控制系统的因素主要包括：信号的测量问题、执行器特性、被控过程的滞后特性、被控对象的时间常数不一样、（　　）、时变性、本征不稳定性等。
　　A　线性特性　　　　B　非线性特性　　　C　指数特征　　　　D　正弦特征
5. 自动控制系统的四个组成部分中，用于现场所有设备的执行和反馈、所有参数的采集和下达指令的是（　　）。
　　A　比较、控制器　　B　被控对象　　　　C　执行机构　　　　D　测量变送器
6. 控制系统维护的分类一般分为：日常维护、预防性维护和（　　）。
　　A　应急维护　　　　B　故障维护　　　　C　标准维护　　　　D　例行维护
7. 控制系统的计算机日常维护的内容包括：完善自控系统管理制度、（　　）、注意防尘、严禁使用非正版软件、做好整体备份、数据监控和故障诊断功能完好等。
　　A　保持工作环境温度稳定
　　B　保持工作环境湿度适宜
　　C　避免环境噪声对系统的影响
　　D　避免电磁场对系统的干扰
8. 控制系统的现场预防性维护的内容包括：（　　）、系统供电线路检修、接地系统检修、现场设备检修。
　　A　系统诊断测试　　B　系统关联测试　　C　系统冗余测试　　D　系统通信测试
9. 控制系统的故障维护是指系统在发生故障后进行的（　　）维护。
　　A　主动性　　　　　B　被动性　　　　　C　突发性　　　　　D　应急性
10. 控制系统的维护意义是能够有效防止自控系统（　　）的产生，保障供水安全稳定。
　　A　日常故障　　　　B　突然故障　　　　C　普通故障　　　　D　特殊故障
11. （　　）的静态和动态特性，直接影响控制系统的品质指标。
　　A　执行器　　　　　B　测量环节　　　　C　控制器　　　　　D　被控过程

12. 对任何控制系统，系统正常工作的首要条件是其必须是(　　)系统。
   A 快速　　　　B 稳定　　　　C 准确　　　　D 精确
13. 准确性指过渡过程结束后被控制量与希望值接近的程度，通常也叫作系统的稳态性能指标，用(　　)误差来表示。
   A 动态　　　　B 系统　　　　C 稳态　　　　D 静态
14. (　　)是指系统动态过程经历时间的长短。表征这个动态过渡过程的性能指标称为动态性能指标。
   A 稳定性　　　B 快速性　　　C 准确性　　　D 可靠性
15. 上升时间指响应从终值10%上升到终值(　　)所需的时间。
   A 70%　　　　B 80%　　　　C 90%　　　　D 100%
16. 调节时间指响应到达并保持在终值(　　)(或±2%)内所需的最短时间。
   A ±5%　　　　B ±10%　　　C ±15%　　　D ±20%
17. 若最大偏离量 $c(t_p)$(　　)终值 $c(\infty)$，则响应无超调。
   A 小于　　　　B 大于　　　　C 等于　　　　D 以上均不正确
18. 自动控制系统是利用负反馈原理构成，(　　)是产生控制作用的主要信号源。
   A 输入信号　　B 输出信号　　C 误差信号　　D 偏差信号
19. 比例控制器是指控制器的输出量与输入量（偏差）的大小成(　　)。
   A 正比　　　　B 反比　　　　C 线性　　　　D 非线性
20. 比例控制器的比例系数 K_P(　　)，系统的静差就越小，对提高控制精度有好处。
   A 越大　　　　B 越小　　　　C 不变　　　　D 以上均不正确
21. 采用PID控制时，人们常提及控制器参数的整定，以便使系统达到最佳控制效果。其中衰减曲线法是以(　　)衰减作为整定要求的。
   A 2∶1　　　　B 3∶1　　　　C 4∶1　　　　D 5∶1
22. PLC的工作方式是(　　)。
   A 等待工作方式　　　　　　　　B 中断工作方式
   C 扫描工作方式　　　　　　　　D 循环扫描工作方式
23. 在知道控制对象的特性参数时，可采用PID控制参数整定方法中的反应曲线法，该整定方法的结果可达到衰减率 $\phi=$(　　)的要求。
   A 0.25　　　　B 0.5　　　　C 0.75　　　　D 1
24. PID调节中的"P"指的是(　　)。
   A 比例　　　　B 积分　　　　C 微分　　　　D 比较
25. 采用负反馈形式连接后，则(　　)。
   A 一定能使闭环系统稳定
   B 系统动态性能一定会提高
   C 一定能使干扰引起的误差逐渐减小，最后完全消除
   D 需要调整系统的结构参数，才能改善系统性能
26. 下列(　　)措施对提高系统的稳定性没有效果。
   A 增加开环极点　　　　　　　　B 在积分环节外加单位负反馈
   C 增加开环零点　　　　　　　　D 引入串联超前校正装置

27. 关于传递函数，错误的说法是（　　）。
A　传递函数只适用于线性定常系统
B　传递函数不仅取决于系统的结构参数，给定输入和扰动对传递函数也有影响
C　传递函数一般是复变量 s 的真分式
D　闭环传递函数的极点决定了系统的稳定性

28. 在积分控制中，控制器的输出与输入误差信号的积分成（　　）关系。
A　正比　　　　　B　反比　　　　　C　线性　　　　　D　非线性

二、多选题

1. 传递函数是经典控制理论中最重要的数学模型之一。利用传递函数，可以做到（　　）。
A　不必求解微分方程就可以研究零初始条件系统在输入作用下的动态过程
B　了解系统参数或结构变化对系统动态过程的影响
C　可以将对系统性能的要求转化为对传递函数的要求
D　能形象直观地表明各信号在系统或元件中的传递过程
E　能根据等效变换原则，方便地求取系统的状态方程

2. 稳态误差是系统控制（　　）或（　　）的一种度量。
A　准确性　　　　　　　　　　B　精度
C　精确性　　　　　　　　　　D　抗干扰能力
E　抗扰动能力

3. 比例控制器的优点为：一旦偏差出现，控制器的输出立即随之变化，响应及时，没有丝毫的时间滞后，说明比例控制具有作用（　　）的优点。
A　及时　　　　　　　　　　　B　准确
C　快速　　　　　　　　　　　D　稳定
E　控制作用强

4. PLC的I/O模块首先要按照其使用的要求进行使用，不可随意（　　）其外部保护设备，其次对主要干扰源要进行（　　）或处理。
A　减少　　　　　　　　　　　B　增加
C　屏蔽　　　　　　　　　　　D　隔离
E　阻断

5. 下列关于PID控制说法正确的是（　　）。
A　比例控制速度快，但有静差
B　积分控制虽能消除静差，但控制过程慢
C　若将比例、积分、微分控制结合起来，形成比例积分微分控制（简称PID控制），将会得到更完善的控制效果
D　在微分控制中，控制器的输出与输入误差信号的微分（即误差的变化率）成正比关系
E　在各控制规律组合中，比例控制是主控制，而其他如积分、微分则为附加控制

6. 采用PID控制时，人们常提及控制器参数的整定，以便使系统达到最佳控制效果。

常用于 PID 参数整定的方法有（　　）。
A　经验法　　　　　　　　　　B　衰减曲线法
C　临界比例带法　　　　　　　D　反应曲线法
E　比较法

7. 频率响应是（　　）的特例，是控制系统对（　　）输入信号的稳态正弦响应。
A　增益响应　　　　　　　　　B　时间响应
C　正弦　　　　　　　　　　　D　余弦
E　方波

8. 下列属于自动控制系统中常用的名词术语的是（　　）。
A　输入信号　　　　　　　　　B　输出信号
C　反馈信号　　　　　　　　　D　偏差信号
E　扰动信号

9. 自动控制系统的组成一般包括（　　），（　　），（　　）和（　　）四个环节组成。
A　控制器　　　　　　　　　　B　被控对象
C　执行机构　　　　　　　　　D　测量变送器
E　信号接收器

10. 测量变送器是将现场设备传感器的非电量信号转换为 0～10V 或 4～20mA 标准电信号的一种设备，其中非电量信号包括（　　）。
A　温度　　　　　　　　　　　B　压力
C　流量　　　　　　　　　　　D　液位
E　电导率

11. 系统的动态品质和稳态性能可用（　　）描述。
A　稳定性　　　　　　　　　　B　快速性
C　准确性　　　　　　　　　　D　稳态特性
E　动态特性

三、判断题

（　　）1. 自动控制系统中的控制器通过输出信号对执行机构进行控制，执行机构发生动作之后将信号反馈给被控对象。

（　　）2. 频率响应是时间响应的特例，是控制系统对正弦输入信号的稳态正弦响应。

（　　）3. 稳态误差是系统控制精度或抗扰动能力的一种度量。

（　　）4. 控制系统的维护的分类一般分为：日常维护、预防性维护和应急维护。

（　　）5. 在自动控制系统中，广义地理解被控对象包括处理工艺、电机、阀门等具体的设备；狭义的理解可以是各设备的输入、输出参数等。

（　　）6. 控制系统的预防性维护的内容包括：系统诊断测试、系统供电线路检修、接地系统检修、现场设备检修。

（　　）7. 控制系统的故障维护是指系统在发生故障后进行的主动性维护。

（　　）8. 系统是由被控对象和自动控制装置按一定方式联结起来的，以完成某种自动控制任务的有机整体。

（　　）9. 扰动信号在自动控制系统中，妨碍控制量对被控量进行正常控制的所有因素称为扰动量，简称扰动或干扰，它与控制作用相同。

（　　）10. 一般大型的控制系统常会采用 PLC 控制系统。

（　　）11. 反馈控制又称偏差控制，其控制作用是通过给定值与反馈量的差值进行的。

（　　）12. 梯形图编程语言的特点是其与电气操作原理图相对应，具有直观性和对应性；与原有继电器控制相一致，电气设计人员易于掌握。

（　　）13. CPU 速度和内存容量是 PLC 的重要参数，它们决定着 PLC 的工作速度。

（　　）14. PLC 的通信可分为并行通信与串行通信。

（　　）15. 在 PLC 梯形图的绘制中，将系统的输入量放在最右边，输出量放在最左边。

（　　）16. 选择 PLC 型号时，I/O 点数是必须考虑的基本要素。

（　　）17. CPU 是 PLC 的核心，起神经中枢的作用，每套 PLC 至少有一个 CPU。

（　　）18. 对任何控制系统，系统正常工作的首要条件是其必须是稳定系统。

（　　）19. 动态过渡过程时间越长，系统的快速性越好，即具有较高的动态精度。

（　　）20. 模糊控制实质上是一种线性控制，从属于智能控制的范畴。

（　　）21. 智能控制研究对象的主要特点是具有不确定性的数学模型、高度的非线性和复杂的任务要求。

（　　）22. 无论控制规律如何组合，根据反馈控制系统按偏差进行控制的特点，比例控制必不可少，也就是说，在各控制规律组合中，比例控制是主控制，而其他如积分、微分则为附加控制。

（　　）23. 积分控制可以消除静差，但控制过程比较快。

（　　）24. 由于 PID 控制规律全面地综合了比例、积分、微分控制的优点，故 PID 控制器是一种相当完善的控制器。

（　　）25. 系统初始条件为零时，输出变量的拉普拉斯变换与输入变量的拉普拉斯变换之比，称为系统的传递函数。

四、问答题

1. 方框图是系统的一种动态数学模型，采用方框图更便于求传递函数，同时能形象直观地表明各信号在系统或元件中的传递过程，请简述方框图的组成。

2. 影响自动控制系统的因素有哪些？

3. 简述智能控制的基本特点。

4. 传递函数是经典控制理论中最重要的数学模型之一，传递函数具有哪些优点？

5. 描述动态性能的指标有哪些？

第4章 电工与电子学知识

一、单选题

1. 3Ω和6Ω电阻串联,若3Ω电阻上电压为3V,则总电压为(　　)V。
   A 4　　　　　　　B 4.5　　　　　　C 9　　　　　　D 12
2. 通常所说交流电220V或380V电压,是指它的(　　)。
   A 平均值　　　　B 最大值　　　　C 有效值　　　　D 瞬时值
3. 叠加定理适用于(　　)。
   A 计算线性电路的电压和电流　　　B 计算非线性电路的电压和电流
   C 计算线性电路电压、电流和功率　D 计算非线性电路的功率
4. 电路计算中电压、电流的参考方向的选取原则(　　)。
   A 必须与实际方向选得一致　　　　B 任意选取
   C 电压与电流的方向必须选得一致　D 电压与电流的方向必须选得相反
5. 电阻是一种(　　)元件。
   A 储存电场能量　B 储存磁场能量　C 耗能　　　　　D 储能
6. 用指针式万用电表不同欧姆挡测量二极管的正向电阻值时,会观察到测得的阻值不相同,其中原因是(　　)。
   A 二极管质量差　　　　　　　　　B 二极管不同欧姆挡有不同的内阻
   C 二极管有非线性的伏安特性　　　D 二极管没有非线性的伏安特性
7. 二极管正向电压从0.7V增大10%,流过的电流增大(　　)。
   A 10%　　　　　B 不变　　　　　C 大于10%　　　D 小于10%
8. 二极管的正向电阻(　　)反向电阻。
   A 大于　　　　　B 小于　　　　　C 等于　　　　　D 不确定
9. 集成运算放大器的共模抑制比越大,表示该组件(　　)。
   A 差模信号放大倍数越大　　　　　B 带负载能力越强
   C 抑制零点漂移的能力越强　　　　D 带负载能力越弱
10. 集成运算放大器是(　　)。
    A 直接耦合多级放大器　　　　　　B 阻容耦合多级放大器
    C 变压器耦合多级放大器　　　　　D 单级放大器
11. 当二极管加正向电压,二极管导通,管压降近乎为0,理想状态下相当于(　　)。
    A 导通　　　　　B 短路　　　　　C 断路　　　　　D 旁路
12. 三极管的工作区域不包括(　　)。
    A 截止区　　　　B 放大区　　　　C 饱和区　　　　D 缩小区
13. 温度升高时,晶体管的输入特效曲线会(　　)。

A 上移　　　B 下移　　　C 左移　　　D 右移

14. 当负载增大时,共射极基本放大电路的放大倍数会(　　)。
A 增大　　　B 减小　　　C 不变　　　D 归零

15. 在逻辑运算中,没有的运算是(　　)。
A 逻辑加　　B 逻辑减　　C 逻辑与或　D 逻辑乘

16. 用不同数制的数字来表示2004,位数最少的是(　　)。
A 二进制　　B 八进制　　C 十进制　　D 十六进制

17. 两个开关控制一盏灯,只有两个开关都闭合时灯才不亮,则该电路的逻辑关系是(　　)。
A 与非　　　B 或非　　　C 同或　　　D 异或

18. 最常用的BCD码是(　　)码。
A 5421　　　B 8421　　　C 余3　　　D 循环

19. UPS中文全称是(　　)。
A 不间断电源系统　　　　　B 稳压电源系统
C 双电源互投　　　　　　　D 发电机组

20. 在线式UPS的输出指标中,(　　)不是由UPS主机自身结构决定的。
A 输出电压　　　　　　　　B 后备时间
C 输出频率　　　　　　　　D 过载能力

21. 仪表箱内的保护接地、信号回路接地、屏蔽接地和本质安全型仪表系统接地应(　　)。
A 保护接地和屏蔽接地共用一个接地板
B 信号回路接地和仪表系统接地为一个接地板
C 各接地分别接到各自的接地母线上,彼此绝缘
D 保护接地和系统接地共用一个接地板

22. 工作接地是指(　　)。
A 在电气设备检修时,工人采取的临时接地
B 在电力系统电气装置中,为运行需要所设的接地
C 电气装置的金属外壳、配电装置的构架和线路杆塔等,由于绝缘损坏有可能带电,为防止其危及人身和设备安全而设的接地
D 为防止静电对易燃油、天然气储罐和管道等的危险作用而设的接地

23. 交流接触器线圈电压过低将导致(　　)。
A 线圈电流显著增大　　　　B 线圈电流显著减小
C 铁芯涡流显著增大　　　　D 铁芯涡流显著减小

24. 断路器的额定电压是指(　　)。
A 正常工作电压　　　　　　B 正常工作相电压
C 正常工作线电压有效值　　D 正常工作线电压最大值

25. 断路器分闸速度影响(　　)。
A 灭弧能力　　B 合闸电阻　C 消弧片　　D 分闸阻抗

26. 一般线路中的熔断器有(　　)保护。

A 短路   B 过载   C 过载和短路   D 以上都是

27. 热继电器的电气符号是（　　）。
A KM   B QF   C FR   D FU

28. 电阻器是电子设备中应用最广泛的元件之一，在电路中的作用主要是（　　）。
A 限流、分流，降压、分压   B 负载
C 与其他元件配合作滤波及阻抗匹配   D 以上都是

29. 一般最常用的非线绕固定电阻器主要是（　　）。
A 薄膜电阻器   B 实心电阻器   C 玻璃釉电阻器   D 电位器

30. 普通功率为 W/8 直插电阻器的最常见的阻值标注方法是（　　）。
A 色环法   B 直标法   C 字符号法   D 色点法

31. 经常接触的电阻器常常说是 0805 的或是 1206 的，其中 0805、1206 指的是电阻器的（　　）。
A 阻值   B 类型   C 封装   D 型号

32. 两个色环固定电阻器阻值相同，都为 $10k\Omega$，一个是四环的，一个是五环的，它们的精度（　　）。
A 四环的高   B 五环的高   C 一样   D 没有可比性

33. 具有自愈作用的电容器类型是（　　）。
A CZ   B CJ   C CY   D CC

34. 直流电路中，需要注意有极性之分的电容器是（　　）。
A CC   B CJ   C CB   D CD

35. 一般可变电感器的实现方法主要是（　　）。
A 在线圈中插入铁芯，通过改变他们的位置来调节
B 在线圈上安装一滑动的触点，通过改变触点的位置来调节
C 将两个线圈并联，通过改变两线图的相对位置达到互感量的变化，而使电感量随之变化
D 都可以

36. 两种电感器大小、线径、匝数都相同，只是一个是铁芯（硅钢片铁芯），一个是粉芯（铁氧体铁芯），如果需要一个低频滤波用的，另一个高频旁路用的，而手头没有电感表，则低频滤波及高频旁路一般分别选择（　　）。
A 铁芯电感，粉芯电感   B 粉芯电感，铁芯电感
C 铁芯电感，铁芯电感   D 粉芯电感，粉芯电感

37. 仪表测量电路最常用的是（　　）。
A 电阻电路   B 电容电路
C 电桥电路   D 电感电路

38. 固态继电器相比常用触点继电器的优势是（　　）。
A 工作可靠，驱动功率小   B 无触点，无噪声
C 开关速度快，工作寿命长   D 以上都是

39. 反相比例运算电路称为（　　）。
A 放大器   B 振荡器   C 倒相器   D 电压跟随器

40. 同相比例运算电路称为（　　）。
   A　倒相器　　　　B　放大器　　　　C　振荡器　　　　D　电压跟随器
41. 下列颜色的发光二极管，（　　）的正向导通电压大。
   A　红　　　　　　C　紫　　　　　　B　蓝　　　　　　D　黄
42. 稳压二极管的简单应用电路中，电路中串入电阻的主要作用是（　　）。
   A　降低电压，降低功耗　　　　　　B　平衡阻抗，使输入输出阻抗匹配
   C　限制电流，提供合适的工作点　　D　减弱干扰，提高器件的抗干扰性
43. 电路一般由（　　）部分组成。
   A　电池、开关、灯泡　　　　　　　B　电源、负载和中间环节
   C　直流稳压电源、开关、灯泡　　　D　电源、负载、电线
44. 单相正弦交流电路的三要素是（　　）。
   A　电压、电流、频率　　　　　　　B　电压、相电流、线电流
   C　幅值、频率、初相角　　　　　　D　电流、频率、初相角
45. 在电气设备的保护接零方式中，常常采用重复接地的主要目的是（　　）。
   A　降低零线的线径，节省材料
   B　降低对接地电阻的要求，进而降低系统总造价
   C　方便在各点加接触电保护装置，保护人身安全
   D　防止零线断线，保证接地系统的可靠
46. 充油式设备如油浸式电力变压器产生爆炸的直接原因是（　　）。
   A　油箱内温度超过当地最高气温
   B　因某种原因引起的压力、温度超过允许极限
   C　三相缺一相，造成运行电流超标
   D　内部产生电弧光作用产生可燃气体
47. 电压表的内阻（　　）。
   A　越小越好　　　B　越大越好　　　C　适中为好　　　D　没有影响
48. 电流表的内阻（　　）。
   A　越小越好　　　B　越大越好　　　C　适中为好　　　D　没有影响
49. 普通功率表在接线时，电压线圈和电流线圈的关系是（　　）。
   A　电压线圈必须接在电流线图的前面
   B　电压线圈必须接在电流线圈的后面
   C　视具体情况而定
   D　电压线圈与电流线因前后交叉接线
50. 测量1Ω以下的电阻应选用（　　）。
   A　直流单臂电桥　　　　　　　　　B　直流双臂电桥
   C　万用表的欧姆挡　　　　　　　　D　两个万用表
51. 测量很大的电阻时，一般选用（　　）。
   A　电压电流两个表　　　　　　　　B　直流双臂电桥
   C　万用表的欧姆挡　　　　　　　　D　兆欧表
52. 测量电容，除可选用电容表外，还可选用（　　）。

A 直流单臂电桥 B 直流双臂电桥
C 交流电桥 D 万用表的欧姆挡

53. 交流电能表属( )。
A 电磁系仪表 B 电动系仪表 C 感应系仪表 D 磁电系仪表

54. 常用万用表属于( )。
A 电磁系仪表 B 电动系仪表 C 感应系仪表 D 磁电系仪表

55. 测量1Ω以下小电阻,如果要求精度高,应选用( )。
A 双臂电桥 B 毫伏表及电流表
C 单臂电桥 D 万用表×1欧姆挡

56. 数字万用表更适用于( )。
A 市电电压 B 市电电流
C 较稳定的直流电压 D 电容的粗测

57. 万用表的转换开关是实现( )。
A 各种测量种类及量程的开关 B 万用表电流接通的开关
C 接通被测物的测量开关 D 测量保持

58. 交流电流表和电压表测量值是指的( )。
A 最大值 B 平均值 C 有效值 D 瞬时值

59. 磁电式电气仪表只能直接测量( )。
A 交流电 B 直流电 C 交直流两用 D 感应电

60. 电气仪表中,可测量交直流两用仪表有( )。
A 电动式 B 磁电式 C 感应式 D 光线反射式

二、多选题

1. 电阻的连接方式包括( )。
A 串联 B 并联
C 混联 D 直联
E 桥接

2. 基本电路的一般分析方法包括( )。
A 等效变换 B 拉氏变换
C 支路电流法 D 节点电位法
E 叠加原理法

3. 复杂电路的分析与计算的主要内容( )。
A 给定网络的结构、电源及元件的参数
B 要求计算出网络里各个支路的电流及电压
C 选一个节点作为参考点
D 有时还要计算电源或电阻元件的功率
E 任一节点处的各流量的矢量和等于零

4. 储能元件主要包括( )。
A 电容 B 电阻

C 电感 D 二极管
E 三极管

5. 数字电路可分为（　　）。
A 组合逻辑电路 B 时序逻辑电路
C 简单逻辑电路 D 乱序逻辑电路
E 复杂逻辑电路

6. 在运算电路中进行定量分析时，常用的方法有（　　）。
A 虚短 B 虚断
C 虚接地 D 外加电源
E 并联电容器

7. 自耦变压器的优点包括（　　）。
A 可改变输出电压 B 用料省
C 效率高 D 增加系统阻抗
E 尺寸较大

8. 隔离变压器的主要用途有（　　）。
A 抗干扰作用 B 阻抗变换作用
C 稳定系统电压作用 D 保护电源
E 防止系统接电作用

9. 三极管的三种状态也叫三个工作区域，包括（　　）。
A 截至区 B 发射区
C 放大区 D 饱和区
E 死区

10. 二极管的伏—安特性曲线，分为三个区段，包括（　　）。
A 正向特性 B 反向特性
C 中间特性 D 反向击穿特性
E 温度特性

三、判断题

（　）1. 元件在关联参考方向下，功率大于 0，则元件在电路中相当于负载。

（　）2. 在叠加定理中，电压源不作用相当于断路，电流源不作用相当于短路。

（　）3. PN 结在未外加电压时，扩散运动与漂移运动处于动态平衡。

（　）4. PN 结外加正向电压时，耗尽层变窄，内部电场增强，扩散运动大于漂移运动。

（　）5. 放大电路有交流信号时的状态称为动态。

（　）6. 放大电路必须加上合适的直流电源才能正常工作。

（　）7. 逻辑运算是 0 和 1 逻辑代码的运算，二进制运算也是 0、1 数码的运算。这两种运算实际是一样的。

（　）8. 数字电路研究的对象是电路的输入与输出之间的逻辑关系。

（　）9. TN-C-S 系统的明确含义是系统有一点直接接地，装置的外露导电部分用保护线与该点连接，且系统的中性线与保护线有一部分是合一的。

（　　）10. IT系统当发生相对其设备外露可导电部分短路时，其短路电流为零序电流。

（　　）11. 热继电器在电路中起过载保护作用。

（　　）12. 继电器的主触头用于控制电路，辅助触头用于通断主电路。

（　　）13. 在纯电感电路中，电压超前电流90°。

（　　）14. 某三相发电机连接成三角形时每相电压为380V，将它连接成星形时，对外提供的线电压为660V。

（　　）15. 电气设备的额定功率是指有功功率。

（　　）16. 正弦交流电的三要素是电压、电流、频率。

（　　）17. 无功功率是无用的功率。

（　　）18. 熔断器在电路中起过压保护作用。

（　　）19. 数字电路中采用二进制数。

（　　）20. 电磁式电工仪表一般只用来测量直流电压、电流。

四、问答题

1. 基尔霍夫电流定律（KCL）是什么？
2. 基尔霍夫电压定律（KVL）是什么？
3. 电路的等效变换是什么？
4. 基本电路的一般分析方法有哪些？
5. 应用叠加原理时应注意的问题有哪些？
6. 电容的主要作用是什么？
7. 电感的主要作用是什么？
8. 集成运算放大器特性有哪些？
9. 写出非线性失真系数表达式和公式中各符号的含义。
10. 由双极型晶体管组成的放大电路有哪三种基本组态？
11. 基本逻辑关系有哪三种？
12. 根据逻辑电路的不同特点，可以将数字电路分成哪两大类？
13. 时序逻辑电路有哪两个特点？
14. 热继电器整定电流的含义及如何调节整定电流？
15. 接触器的作用是什么？
16. 中间继电器与交流接触器的主要区别是什么？

第5章 计算机与PLC基础知识

一、单选题

1. 自动控制是基于（　　）的技术。
   A 反馈　　　　　B 计算　　　　　C 算法　　　　　D 经验
2. 可编程序控制器的英文缩写是（　　）。
   A PIC　　　　　B PID　　　　　C PLD　　　　　D PLC
3. 可编程控制器的定义中指出：可编程控制器是一种专门用于（　　）环境的自动控制装置。
   A 教学　　　　　B 工业　　　　　C 生活　　　　　D 培训
4. 在控制系统中，常用的A/D转换器是指（　　）。
   A 模/数转换器　　B 数/模转换器　　C 相位转换器　　D 频率转换器
5. 从控制的角度看，工业自动化系统包括（　　）、控制和驱动三个系统。
   A 执行　　　　　B 检测　　　　　C 远传　　　　　D 通信
6. PLC是从早期的（　　）系统发展而来。
   A 继电器逻辑控制　B 微机控制　　　C 集散控制　　　D 单片机
7. 传感器是控制系统的（　　）。
   A "大脑"　　　　B "手脚"　　　　C "耳目"　　　　D "心脏"
8. 在自动控制中，数据采集系统的英文缩写是（　　）。
   A OGC　　　　　B SCC　　　　　C DAS　　　　　D DDC
9. 在PLC控制系统中模拟量的电流信号通常为0～20mA或（　　）mA。
   A 4～20　　　　B 0～40　　　　C 4～10　　　　D 20～40
10. 在控制系统的数据库中，动态链接库的英文缩写是（　　）。
    A DDL　　　　　B DLL　　　　　C DCL　　　　　D LDD
11. 在光纤通信中，与光纤相配套的光源发生器一般由发光二极管和注入激光二极管组成，其中注入激光二极管的英文缩写是（　　）。
    A LED　　　　　B APD　　　　　C PIN　　　　　D ILD
12. PLC运行时，任一时刻它可以执行（　　）条指令。
    A 1　　　　　　B 2　　　　　　C 3　　　　　　D 无限
13. PLC在一个工作周期，输入采样和输出刷新的时间一般为（　　）ms左右。
    A 1　　　　　　B 2　　　　　　C 4　　　　　　D 400
14. PLC是在（　　）基础上发展起来的。
    A 电控制系统　　B 单片机　　　　C 工业电脑　　　D 机器人
15. 工业级模拟量，（　　）级更易受干扰。

A　μA　　　　　　　B　mA　　　　　　C　A　　　　　　　D　10A

16. PLC的系统程序不包括（　　）。
A　管理程序　　　　　　　　　　　B　供系统调用的标准程序模块
C　用户指令解释程序　　　　　　　D　开关量逻辑控制程序

17. 触摸屏通过（　　）方式与PLC交流信息。
A　通信　　　　　B　I/O信号控制　　C　继电连接　　　D　电气连接

18. 触摸屏是用于实现替代（　　）的功能。
A　传统继电控制系统　　　　　　　B　PLC控制系统
C　工控机系统　　　　　　　　　　D　传统开关按钮型操作面板

19. 触摸屏的尺寸是5.7寸，指的是（　　）。
A　长度　　　　　B　宽度　　　　　C　对角线　　　　D　厚度

20. （　　）不是现代工业自动化的三大支柱之一。
A　PLC　　　　　B　机器人　　　　C　CAD/CAM　　　D　继电控制系统

21. 目前PLC常用的直流电源模块为（　　）V。
A　12　　　　　　B　24　　　　　　C　36　　　　　　D　48

22. PLC的一个扫描周期一般在（　　）ms之间。
A　4～10　　　　B　40～100　　　 C　10～40　　　　D　100～400

23. 可编程序控制器的卡件在出现故障时会发出报警信号，提醒维护人员更换或维修，这是依靠PLC的（　　）实现的。
A　自诊断功能　　　　　　　　　　B　用户程序的功能
C　高可靠性的元件　　　　　　　　D　联锁保护功能

24. PLC一般规格的主要内容为PLC使用的电源电压、绝缘电阻、耐压情况、抗噪声性能、湿度、接地要求、（　　）等。
A　输入/输出点数　B　外形尺寸重量　C　指令条数　　　D　模块种类

25. 可编程序控制器的基本组成部分包括：（　　）、存储器及扩展存储器、I/O模板（模拟量和数字量）、电源模块。
A　功能模块　　　　　　　　　　　B　扩展接口
C　CPU（中央处理器）　　　　　　D　信号模块

26. 可编程序控制器采用软件编程的方式来实现控制功能，继电器是采用（　　）完成控制功能的。
A　软件编程　　　B　硬接线　　　　C　软接线　　　　D　用户程序

27. 在PLC的编程中，内部继电器实际上是各种功能不同的（　　），用于内部数据的存储和处理。
A　寄存器　　　　B　物理继电器　　C　输入继电器　　D　输出继电器

28. 在PLC的输入/输出单元中，光电耦合电路的主要作用是（　　）。
A　信号隔离　　　B　信号传输　　　C　信号隔离与传输　D　信号转换

29. （　　）语言目前是最直观、应用最为广泛的第一用户语言。
A　梯形图（LD）　　　　　　　　　B　指令表（IL）
C　功能模块图（FBD）　　　　　　 D　VB

30. 梯形图中的继电器触点在编制用户程序时,可以使用(　　)次。
   A 1　　　　　B 2　　　　　C 3　　　　　D 无限

31. 新一代的现场总线控制系统的英文缩写是(　　)。
   A FCS　　　　B DCS　　　　C CIMS　　　D DAS

32. 梯形图中用户逻辑解算结果,可以立即被(　　)的程序解算所引用。
   A 前面　　　　B 后面　　　　C 全部　　　　D 本条

33. (　　)编程语言是在继电器－接触器控制系统中的控制线路图的基础上演变而来的。
   A 功能模块图（FBD）　　　　　B 结构化文本语言（ST）
   C 梯形图（LD）　　　　　　　D 指令表（IL）

34. 在网络体系结构中,建立在传输介质之上,负责提供传送数据的物理连接的为(　　)。
   A 网络层　　　B 物理层　　　C 数据链路层　D 传输层

35. 当PLC的CPU模块选择RUN功能的时候,表示(　　)。
   A 程序执行,编程器只读操作　　B 程序执行,编程器读写操作
   C 停止模式,程序不执行　　　　D 编程器模式,程序不执行

36. 当出现PLC断电时,CPU模块中的锂电池可以(　　)。
   A 保持PLC通信　　　　　　　B 保持PLC待机
   C 保存RAM中的内容　　　　　D 保存ROM中的内容

37. 熟悉计算机原理和PLC工作过程的人员更容易接受(　　)编程语言。
   A 功能模块图（FBD）　　　　　B 指令表（IL）
   C 梯形图（LD）　　　　　　　D VB

38. 自动化控制系统一般可以分为最高级、中间级和最低级这3级。使用PLC的数据控制级为(　　)。
   A 最高级　　　B 中间级　　　C 最低级　　　D 都不是

39. PLC并行通信时,一般采用(　　)信号。
   A 电位　　　　B 电流　　　　C 脉冲　　　　D 数字

40. PLC通信时,需要对其基带进行编码,常用的编码方法有非归零码、曼彻斯特编码和(　　)等。
   A 余三码　　　　　　　　　　B 万国码
   C 差动曼彻斯特编码　　　　　D 哈希码

41. PLC以串行通信方式传送一个8位数据,需要(　　)条数据传输线。
   A 1或2　　　B 4　　　　　C 8　　　　　D 16

42. PLC通信时,在开放系统互连模型（OSI）的7层结构中,除了(　　)之间可以直接传送信息外,其他各层之间实现的都是间接传送。
   A 网络层　　　B 数据链路层　C 物理层　　　D 传输层

43. PLC全双工通信有(　　)条传输线。
   A 3　　　　　B 2　　　　　C 1　　　　　D 0

44. (　　)不是在PLC网络中,数据传送的常用介质。

A 双绞线　　　　B 同轴电缆　　　　C 光缆　　　　D 电磁波

45. 在 PLC 数据通信中，可以使用网络中继器来增加传输距离，一个 Profibus DP 网络的最大长度不应超过（　　）m 结构。

A 1200　　　　B 2400　　　　C 3600　　　　D 9600

46. 在 PLC 通信中，RS-485 是以（　　）方式传送数据的。

A 半双工　　　　B 单工　　　　C 3/4 双工　　　　D 全双工

47. 插拔 PLC 各类卡件时，为防止人体静电损伤卡件上的电气元件，应（　　）插拔。

A 在系统断电后　　　　B 戴好接地环或防静电手套
C 站在防静电地板上　　　　D 清扫灰尘后

48. 集中操作管理装置主要用于（　　）。

A 了解生产过程的运行状况　　　　B 模/数的相互转换
C 输入/输出数据处理　　　　D 控制算法的运算

49. PLC 系统一旦出现故障，首先要正确分析和诊断（　　）。

A 故障发生的原因　　　　B 故障带来的损失
C 故障发生的部位　　　　D 故障责任人

50. 在 PLC 控制系统中，中断优先级由高到低依次是（　　）。

A 时基中断、通信中断、输入/输出中断
B 通信中断、输入/输出中断、时基中断
C 输入/输出中断、通信中断、时基中断
D 通信中断、时基中断、输入/输出中断

51. PLC 子程序的嵌套深度最多为（　　）级。

A 2　　　　B 16　　　　C 4　　　　D 8

52. 一般 PLC 系统中的过程 I/O 通道是指（　　）。

A 模拟量 I/O 通道　　　　B 开关量 I/O 通道
C 脉冲量输入通道　　　　D 以上都是

53. 一般 PLC 采用的通信方式是（　　）。

A 数字通信　　　　B 模拟通信
C 既有数字通信又有模拟通信　　　　D 单向通信

54. 计算机集散控制系统的冗余包括：电源冗余、（　　）的冗余、控制回路的冗余、过程数据高速公路的冗余等。

A 输入/输出模块　　B 数据处理　　　　C 通信　　　　D 回路诊断

55. 计算机集散控制系统的现场控制站内各功能模块所需直流电源一般为 ±5V、±15V（±12V）以及（　　）V。

A ±10　　　　B ±24　　　　C ±36　　　　D ±220

56. PLC 冗余 I/O 卡件在工作卡件发生故障时，备用卡件迅速自动切换，所有信号采用（　　）技术，将干扰拒于系统之外。

A 信号屏蔽　　B 屏蔽网隔离　　　　C 光电耦合　　　　D 光电隔离

57. 现场总线的本质意义是（　　）。

A 信息技术对自动化系统底层的现场设备改造

B 传输信息的公共通路

C 从控制室连接到现场的单向串行数字通信线

D 低带宽的计算机局域网

58. 在现场总线设备安装时，安装在总线段两端用于保护信号、减少信号衰减和畸变的设备是（   ）。

  A 中继器   B 网关   C 终端器   D 放大器

59. 自动控制系统经历了从局部自动化到全局自动化，从非智能、低智能到高智能的过程大致经历了四个阶段，其中第一个阶段是（   ）。

  A DCS   B DDC   C ACS   D FCS

60. 下列不是现场总线控制系统（FCS）技术特点的是（   ）。

  A 开放性   B 互可操作性

  C 现场环境的适应性   D 系统结构的集中性

二、多选题

1. 自动化系统的组成包括（   ）。

  A 检测器   B 计算器

  C 控制器   D 执行器

  E 对象

2. 反馈理论的要素包括（   ）。

  A 算法   B 测量

  C 比较   D 执行

  E 经验

3. PLC 的通信对象可以是（   ）。

  A 另一台 PLC   B 计算机

  C 现场设备   D 现场仪表

  E 电源模块

4. PLC 的 I/O 模块可分为（   ）。

  A 开关量输入   B 开关量输出

  C 模拟量输入   D 模拟量输出

  E 占空模块

5. 光纤根据制作材质可分为（   ）等。

  A 石英光纤   B 金属光纤

  C 塑料光纤   D 玻璃光纤

  E 多模光纤

6. 光纤根据传输模式可分为（   ）。

  A 多模光纤   B 单模光纤

  C 多芯光纤   D 单芯光纤

  E 塑料光纤

7. 常见的网络拓扑结构可分为（   ）。

A 星形网络 B 集中式网络
C 环形网络 D 总线型网络
E 分布式网络

8. 按控制目的和系统构成，计算机控制系统大致分为(　　)。
A 数据采集系统（DAS） B 操作指导控制系统（OGC）
C 直接数字控制系统（DDC） D 计算机监督控制系统（SCC）
E 分散控制系统（DCS）

三、判断题

（　）1. 工程师站的具体功能包括系统生成、数据结构定义、组态、报表程序编制等。

（　）2. 操作站主要完成对整个工业过程的实时监控，直接与工业现场进行信息交换。

（　）3. 操作站是由工业PC机、CRT、键盘、鼠标、打印机等组成的人机系统。

（　）4. 过程控制网络实现工程师站、操作站、控制站的连接，完成信息、控制命令的传输与发送。

（　）5. PLC的通信可分为并行通信与串行通信。

（　）6. CPU的速度和内存容量是PLC的重要参数，它们决定着PLC的扫描周期。

（　）7. 在多台PLC之间通信，常采用并行通信的方式。

（　）8. 工业计算机在可靠性要求更高的场合，要求有双机工作及冗余系统，包括双控制站、双操作站、双网通信、双供电系统、双电源等。

（　）9. 常规的输出设备包括打印机、显示器和键盘。

（　）10. 系统软件是一组支持系统开发、测试、运行和维护的工具软件，其核心是过程输入/输出设备。

（　）11. 现场总线的自动化监控及信息集成系统降低了系统及工程成本，适用于大范围、大规模的系统。

（　）12. 采集数据由信号和噪声构成，应根据信号特征和噪声统计规律确定滤波算法。

（　）13. 双绞线是由两根彼此导通的导线按照一定规则以螺旋状绞合在一起。

（　）14. 光纤是一种传输光信号传输媒介。

四、问答题

1. 自动控制系统的主要组成有哪些？分别起什么作用？
2. 简述PLC的构成和工作原理。
3. 工业控制机构成有哪些？
4. 计算机控制系统的硬件组成包括哪些？
5. 计算机控制系统的软件组成包括哪些？
6. 数据采集系统（DAS）的内容是什么？
7. 集散控制系统（DCS）的内容是什么？

8. PLC梯形图编程语言的特点和与继电器控制的不同点有哪些？
9. PLC通信按照传送方向可分为哪几种？分别简述其内容。
10. PLC常见模块主要有哪些？
11. 通信网络的7层结构分别是什么？
12. 光纤的优点有哪些？
13. 环形网络的特点有哪些？
14. 现场总线的主要特点有哪些？并简述其内容。

第6章 自来水生产工艺和相关基础知识

一、单选题

1. 给水处理过程中，可以达到"从水中去除绝大部分悬浮物和絮体"效果的是（　　）。
   A 絮凝　　　　B 沉淀　　　　C 过滤　　　　D 消毒

2. 对微污染饮用水源水的处理方法，除了要保留或强化传统的常规处理工艺之外，还应附加生化或特种物化处理工序。一般把附加在常规净化工艺之前的处理工序叫（　　）。
   A 预沉处理　　　　　　　　B 预处理
   C 深度处理　　　　　　　　D 臭氧活性炭处理

3. 由布朗运动所引起的颗粒碰撞聚集称为（　　）。
   A 异向絮凝　　B 同向絮凝　　C 纵向絮凝　　D 横向絮凝

4. 滤料的选择条件有（　　）①足够的机械强度；②足够的化学稳定性；③能就地取材，性价比高；④具有适当的级配与孔隙率。
   A ①②③　　　B ①②④　　　C ①③④　　　D ①②③④

5. 混凝阶段处理的对象，主要是（　　）。
   A 黏土　　　　　　　　　　B 细菌
   C 水中的悬浮物和胶体杂质　　D 藻类

6. 地表水取水构筑物，按（　　）大致可分成三类：固定式取水构筑物、移动式取水构筑物和山区浅水河流取水构筑物。
   A 取水类型　　B 功能　　　　C 位置　　　　D 构造形式

7. 以下不属于影响消毒效果的因素是（　　）。
   A 消毒剂浓度　　　　　　　B 消毒剂与水接触时间
   C 水质本身因素　　　　　　D 消毒剂的体积

8. 滤池的基本工作过程主要包括（　　）。
   A 混凝、过滤　　　　　　　B 沉淀、消毒
   C 消毒、过滤　　　　　　　D 反冲洗、过滤

9. 常见的臭氧-活性炭工艺流程为（　　）。
   A 原水-混凝-沉淀-过滤-臭氧反应器-生物活性炭滤池-消毒-出水
   B 原水-混凝-沉淀-臭氧反应器-生物活性炭滤池-过滤-消毒-出水
   C 原水-混凝-沉淀-过滤-消毒-臭氧反应器-生物活性炭滤池-出水
   D 原水-混凝-沉淀-过滤-生物活性炭滤池-臭氧反应器-消毒-出水

10. 从沉淀池最不利点进入沉淀池，在理论沉淀时间内，恰好沉到沉淀池终端池底的

速度被称为（　　）。

 A　截留沉速　　　　B　平均沉速　　　　C　最大沉速　　　　D　最小沉速

11. 地表水作为饮用水源时，给水处理中主要的去除对象是（　　）。

 A　金属离子　　　　　　　　　　　　B　病原菌和细菌

 C　悬浮物和胶体物质　　　　　　　　D　有机物和铁、锰

12. 臭氧－活性炭工艺中，臭氧接触时间宜控制在（　　）min。

 A　1～6　　　　　B　6～15　　　　　C　1～20　　　　　D　20～30

13. 膜过滤中利用压力差的膜法有（　　）①微滤；②超滤；③纳滤；④反渗透。

 A　①②④　　　　B　②③　　　　　C　①②③④　　　　D　③④

14. 在炭滤池滤料选择上，（　　）能够迅速吸附水中的溶解性有机物。

 A　活性炭空隙小；比表面积小　　　　B　活性炭空隙小；比表面积大

 C　活性炭空隙多；比表面积小　　　　D　活性炭空隙多；比表面积大

15. 膜分离法中（　　）法主要分离对象为固体悬浮物、浊度、细菌等。

 A　微滤　　　　　B　超滤　　　　　C　纳滤　　　　　D　反渗透

16. 关于水处理中膜的性能表述错误的是（　　）。

 A　截留分子量越小、截留率越高越好

 B　在截留率一定的条件下，水通量越小越好

 C　孔径分布越均匀越好

 D　膜表面的物理化学性能会影响膜的性能

二、多选题

1. 关于混凝，说法正确的是（　　）。

 A　一般把混凝剂水解后和胶体颗粒碰撞、改变胶体颗粒的性质，使其脱稳，称为"絮凝"

 B　在外界水力扰动条件下，脱稳后颗粒相互聚集，称为"凝聚"

 C　"混凝"是凝聚和絮凝的总称

 D　改变水流速度使颗粒脱稳属于絮凝

 E　通过电性中和作用使颗粒脱稳属于凝聚

2. 城镇净水厂的常规工艺（　　）。

 A　混凝　　　　　　　　　　　　　　B　深度处理

 C　沉淀　　　　　　　　　　　　　　D　过滤

 E　消毒

3. 折板絮凝池的优点有（　　）。

 A　安装维修较为方便

 B　颗粒碰撞絮凝效果较好

 C　与隔板絮凝池相比，水流条件大大改善

 D　与隔板絮凝池相比，有效能量消耗比例提高

 E　与隔板絮凝池相比，所需絮凝时间可以缩短，池子体积减小

三、判断题

（　　）1. 在生活饮用水处理中，过滤是必不可少的，其他处理工艺都可以省略。

（　　）2. 滤池是通过滤料层来截留水中悬浮固体的，所以滤料层是滤池最基本的组成部分。好的滤料可以保证滤池具有较低的出水浊度与较长的过滤周期，以及反冲洗时滤料不易破损跑漏等优势，所以滤料的选择十分重要。

（　　）3. 要增加滤池的配水均匀性，一般有两种途径：一是加大布水孔眼的阻力；二是减小管道的水力阻抗值。

（　　）4. 饮用水处理中经过混凝、沉淀和过滤等工艺，水中悬浮颗粒大大减少，大部分黏附在悬浮颗粒上的致病微生物也随着浊度的降低而被去除，因此，可以不进行后续消毒工艺。

（　　）5. 活性炭孔隙多，比表面积大，能够迅速吸附水中的溶解性有机物，同时也能富集水中的微生物，而被吸附的溶解性有机物也为维持炭床中微生物的生命活动提供营养源。

（　　）6. 当地下水作为生活饮用水源时，地下含氟量超标时，采用混凝沉淀法，其除氟原理是，投入硫酸铝、氯化铝或碱式氯化铝，使氟化物产生沉淀物。

（　　）7. 紫外线杀菌效率高，且可去除部分有机物，所需接触时间短，不改变水的物理化学性质，但没有持续消毒作用，因此应后续加氯以防止管网水再度受到污染。

（　　）8. 根据膜的选择透过性和膜孔径的大小及膜的荷电特性，可以将不同粒径不同性质的物质分开而不改变其原有的理化性质。

四、问答题

1. 简述常规水处理工艺流程并画出流程图。
2. 简述V形滤池的主要特点。
3. 简述影响混凝效果的主要因素。
4. 简述平流沉淀池的分区及各区的功能。
5. 什么叫滤料"有效粒径"和"不均匀系数"？

第7章 仪表安装知识与技能

一、单选题

1. 在装配、调整、拆卸过程中，松紧螺钉应对称，（　　）分步进行，防止装配件变形。
   A 同时　　　　B 分步骤　　　　C 顺时针　　　　D 交叉

2. 端子排接线时，一般接回路地线的压线端子用（　　）的。
   A 双色　　　　B 蓝色　　　　C 绿色　　　　D 红色

3. 端子排接线时，一般接回路负极的压线端子用（　　）的。
   A 红色　　　　B 黑色　　　　C 绿色　　　　D 黄色

4. 常用仪表施工机具中，用于加工管子外螺纹的是（　　）。
   A 台式钻床　　B 手电钻　　　C 电动套丝机　　D 角向磨光机

5. 台式钻床钻孔直径一般在（　　）mm 以下。
   A 15　　　　　B 16　　　　　C 13　　　　　D 12

6. 电锤可以在混凝土、砖、石头等硬性材料上开 6～100mm 的孔，开孔效率较高，但它不能在（　　）上开孔。
   A 金属　　　　B 水泥　　　　C 混凝土　　　D 石材

7. 角向磨光机又称研磨机或角磨机，主要用于切割、研磨及刷磨金属与（　　）等。
   A 玻璃　　　　B 木质　　　　C 塑料　　　　D 石材

8. 仪表管道有四种，即气动管路、测量管路、电气保护管和伴热管。其中，气动管路的别称为（　　）。
   A 伴管　　　　B 脉冲管路　　C 信号管路　　　D 导压管

9. 四种仪表管道中，不需要进行试压的是（　　）。
   A 气动管路　　　　　　　　　　B 测量管路
   C 电气保护管　　　　　　　　　D 伴热管

10. 测量管路又称脉冲管路，在仪表四种管路中是唯一与工艺管道直接相接的管道，需要经过（　　）试验。
    A 电气　　　　B 耐压　　　　C 防腐　　　　D 防潮

11. 测量管路沿水平敷设时，应根据不同测量介质和条件，有一定坡度。其坡度为（　　）。
    A 1∶100～1∶1000　　　　　　B 1∶10～1∶100
    C 1∶5～1∶100　　　　　　　　D 1∶5～1∶20

12. 导压管试压的压力要求为操作压力的（　　）倍。
    A 1.5　　　　B 2　　　　　C 3　　　　　D 2.5

13. 仪表气动管路也就是仪表供气系统的管路，使用常温压缩空气作为介质，其中主管标准压力通常为（　　）MPa。
    A 0.5～0.7   B 0.3～0.5   C 0.8～1.2   D 1.5～1.7
14. 仪表电缆敷设应根据（　　），先集中后分散的原则。
    A 先远后近   B 先近后远   C 先信号后电源   D 先电源后信号
15. 在四种仪表管道中，（　　）的作用是使电缆免受机械损伤和排除外界电、磁场的干扰。
    A 气动管路   B 测量管路   C 电气保护管   D 伴热管
16. 仪表安装中导压管的焊接，应与同介质的工艺管道同等要求，应符合国家标准（　　）中的有关规定。
    A 《自动化仪表工程施工及质量验收规范》GB 50093—2013
    B 《现场设备、工业管道焊接工程施工规范》GB 50236—2011
    C 《建筑物防雷设计规范》GB 50057—2010
    D 《工业金属管道工程施工规范》GB 50235—2010
17. 仪表安装应按照设计提供的施工图、（　　）、仪表安装使用说明书的规定进行。
    A 设计图   B 设计变更   C 安装图   D 示意图
18. 对电缆进行检查，型号规格、电缆芯数要符合设计要求，外观完好无破损，并进行绝缘电阻（芯线与芯线，芯线与地或屏蔽层）和导通检查，绝缘电阻不小于（　　）MΩ为合格。
    A 5   B 10   C 15   D 20
19. 电缆明敷设时要根据接线图应独自成束，合理分层，防止（　　）。
    A 交叉   B 缠绕   C 相连   D 干扰
20. 成束配线是将相同走向的导线用尼龙线或塑料绑带捆扎在一起，断面呈现圆形，扎线间距（　　）mm。
    A 50～80   B 30～60   C 60～90   D 10～30
21. 接线时多股绞合的芯线必须使用（　　）。
    A 直接线端子   B 缠绕线端子
    C 焊接线端子   D 压接线端子
22. 仪表电缆桥架是使电线、电缆、光缆铺设达到标准化、系列化、（　　）的电缆铺设装置。
    A 通用化   B 安全化   C 智能化   D 信息化
23. 导压管常要揻成套弯的形式。弯曲导压管时，要保证弯曲半径不能小于导压管直径的（　　）倍。
    A 1.5   B 2   C 2.5   D 3
24. 用作保护管的管材，有（　　）、电气管和硬聚氯乙烯管。
    A 镀锌水煤气管   B PE管   C 紫铜管   D PP-R管
25. 硬聚氯乙烯管只在强腐蚀性场所使用，通常普通场合采用（　　）。
    A 电气管   B 镀锌钢管
    C PE管   D 紫铜管

26. 电缆敷设中对电缆弯曲半径的要求，铠装电缆不小于外径的（　　）倍。
   A　6　　　　　　　B　8　　　　　　　C　10　　　　　　　D　12

27. 电缆敷设中对电缆弯曲半径的要求，非铠装电缆不小于其外径的（　　）倍。
   A　7　　　　　　　B　9　　　　　　　C　11　　　　　　　D　13

28. 仪表电缆敷设中，一般控制电缆应使用（　　）V 直流兆欧表测绝缘电阻。
   A　100　　　　　　B　500　　　　　　C　1000　　　　　　D　2500

29. 内浮筒液位计和浮球液位计采用导向管或其他导向装置时，导向管或导向装置必须（　　）安装，并应保证导向管内液流畅通。
   A　水平　　　　　　B　垂直　　　　　　C　倾斜向下　　　　D　倾斜向上

30. 敷设完伴热管要进行试压，强度试验压力应为工作压力的（　　）倍。
   A　1.5　　　　　　B　2　　　　　　　C　2.5　　　　　　D　3

二、多选题

1. 现场暂不具备接线条件的电缆，在端头应做好（　　）处理。
   A　防水　　　　　　　　　　　　　　B　防潮
   C　防损坏　　　　　　　　　　　　　D　密封
   E　防爆

2. 电气保护管是用来保护（　　）的。
   A　电缆　　　　　　　　　　　　　　B　光缆
   C　电线　　　　　　　　　　　　　　D　补偿导线
   E　传感器

3. 钢制槽式电缆桥架最适用于敷设计算机电缆、（　　）及其他高灵敏系统的控制电缆等。
   A　通信电缆　　　　　　　　　　　　B　仪表电缆
   C　电力电缆　　　　　　　　　　　　D　高压电缆
   E　热电偶电缆

4. 根据桥架的结构形式不同，桥架一般分为（　　）。
   A　槽式电缆桥架　　　　　　　　　　B　组合式电缆桥架
   C　阻燃玻璃钢电缆桥架　　　　　　　D　梯级式电缆桥架
   E　托盘式电缆桥架

5. 接线完成后，应对导线进行电气连续性试验，并同时检验（　　）的正确性。
   A　接线　　　　　　　　　　　　　　B　极性
   C　电缆标号　　　　　　　　　　　　D　防雷标识
   E　导线标识

6. 根据测量结果与电缆到货情况编制好电缆敷设表，其内容要包括（　　）、终点、参考电缆盘号。
   A　编号　　　　　　　　　　　　　　B　型号规格
   C　起点　　　　　　　　　　　　　　D　参考长度
   E　规格参数

7. 仪表伴热管简称伴管。它的特点包括：（   ）。
   A 功能单一   B 管径单一
   C 材质单一   D 介质单一
   E 安装要求不高

8. 电气保护管有三种，它们分别是（   ）。
   A 薄壁镀锌有缝钢管   B 普通镀锌水煤气管
   C 无缝钢管   D 硬质聚乙烯塑料管
   E 超薄不锈钢塑料复合管

9. 电动角磨机就是利用高速旋转的薄片砂轮以及橡胶砂轮、钢丝轮等对金属构件进行（   ）加工。
   A 磨削   B 切削
   C 除锈   D 磨光
   E 切割

10. 仪表安装总的要求是首先要强调合理，然后是美观，切忌（   ），要整洁、干净、利索。
    A 气源带水   B 横不平
    C 竖不直   D 气源波动
    E 交叉安装

11. 仪表安装程序通常可分为（   ）阶段。
    A 准备   B 移交
    C 施工   D 测试
    E 验收交工

三、判断题

（   ）1. 仪表安装时，在现场要考虑仪表各种管路的标高，以及固定它的支架形式和支架制作安装，保温箱保护箱底座制作，接线盒、箱的定位。

（   ）2. 联动调试是在单体调试成功的基础上进行的，自控系统先半自动，系统平稳时，进入自动。

（   ）3. 电锤是利用活塞运动的原理，压缩气体冲击钻头，开孔效率较高，可以在金属上开孔。

（   ）4. 仪表管道要求横平竖直，讲究美观。

（   ）5. 电缆桥架安装直线长度超过50m时，应采用安装膨胀节，或根据安装时不同的环境温度，在槽板接口处预留适当间隙的热膨胀补偿措施。

（   ）6. 伴管试压只做强度试验，不必做严密性和气密性试验。

（   ）7. 仪表电缆敷设时不要将电缆敷设在高温、易燃可燃介质的工艺设备、管道下方。

（   ）8. 接线前应检查线标标注是否正确，标注方向是否一致。

（   ）9. 电缆的屏蔽层一般在控制室一端做屏蔽接地，在现场端不得接地。

（   ）10. 电缆桥架安装直线长度超过100m时，应采用安装膨胀节，或根据安装时不同的环境温度，在槽板接口处预留适当间隙的热膨胀补偿措施。

（　　）11. 金属软管一般长度分为 800mm 和 1000mm 两种规格。

（　　）12. 电气保护管的管径由所保护的电缆、电线的芯和内径来决定。

（　　）13. 硬质塑料管虽能很好保护电缆及补偿导线，但不能抗电场和磁场的干扰，使用范围受到限制。

（　　）14. 仪表伴热管功能复杂，是安装四种管道中最为复杂的一种管线。

（　　）15. 在电缆引入仪表盘、箱或机柜等设备前要加以固定。

（　　）16. 电缆在汇线槽内要排列整齐，在垂直汇线槽内要用扎带绑在支架上固定；在拐弯、两端等部位无需留有富余长度。

（　　）17. 当电缆芯数超过两根时应有线标，标号可以标注功能或自然序号。

（　　）18. 仪表接线的芯线应以线束形式绑扎整齐，线束应分层合理。芯线的标号可按照个人习惯进行标记。

（　　）19. 电气保护管的选用要从材质和管径两个方面考虑。

（　　）20. 电气保护管的材质取决于环境条件，即周围介质特性，强酸性环境可以使用金属保护管。

（　　）21. 电缆桥架的开孔应采用机械加工方法，保护管引出口的位置应在电缆桥架高度的 2/3 左右。

（　　）22. 电缆桥架垂直段小于 2m 时，应在垂直段上、下端桥架内增设固定电缆用的支架。

（　　）23. 支架不应安装在高温或低温管道上。

（　　）24. 压接线端子和接线时应注意避免出现虚压和虚接现象。

（　　）25. 对凝固点较低的介质可以使用间接伴热。

（　　）26. 电气保护管没有流动介质，只有固定的电缆与补偿导线，不受介质压力、温度及有无腐蚀性的影响，它只要求能很好地保护电缆，具备较好的电气连续性。

（　　）27. 导压管敷设前要大致了解工艺设备和工艺管道的安装情况。

（　　）28. 气动管路对气源的质量要求高于其他压缩空气。通常由无油润滑压缩机供给，压缩机出口压力为 0.7MPa，通过干燥器干燥，经过储气罐沉淀才能进入供气网络。

（　　）29. 接地电阻测定仪不是常用的校验标准类仪表。

（　　）30. 可以使用砂轮切割机切割木材。

四、问答题

1. 当仪表安装设计无特殊规定时，需要满足哪些国家标准？
2. 列举出常用的 5 种仪表施工机具。
3. 导压管的敷设要求有哪些？
4. 电气保护管分为哪三种？
5. 简述直接伴热与间接伴热的区别与应用。

第 8 章 常用测量仪器仪表的使用

一、单选题

1. 四大类电工仪表中,能将被测量转换为仪表可动部分的机械偏转角,并通过指示器直接指示出被测量的大小的是( )。
   A 比较仪表　　　B 直读式仪表　　　C 数字仪表　　　D 智能仪表
2. 电工指示仪表,按准确度分类,分为( )级。
   A 4　　　　　　B 5　　　　　　　C 6　　　　　　　D 7
3. 万用表测电阻属于( )。
   A 直接法　　　　B 间接法　　　　　C 前接法　　　　　D 比较法
4. 当万用表中的直流电压挡损坏时,( )不能使用。
   A 直流电流挡　　　　　　　　　　　B 电阻挡
   C 交流电压挡　　　　　　　　　　　D 整个万用表
5. 当万用表的 R×1k 挡测量一个电阻,表针指示值为 3.5 时,则该电阻的电阻值为( )Ω。
   A 3.5　　　　　B 35　　　　　　　C 350　　　　　　D 3500
6. 数字式万用表中的快速熔丝管起( )保护作用。
   A 过流　　　　　B 过压　　　　　　C 短路　　　　　　D 欠压
7. 采用电压表后接电路测量电阻,适合测量( )。
   A 很小的电阻　　B 很大的电阻　　　C 任意阻值的电阻　D 较大的电阻
8. 交流电流表,测量的是电流的( )。
   A 瞬时值　　　　B 有效值　　　　　C 平均值　　　　　D 最大值
9. 伏安法测电阻属于( )测量法。
   A 间接　　　　　B 直接　　　　　　C 替代　　　　　　D 比较
10. 数字式直流电流表由数字式电压基本表与( )组成。
    A 分压电阻串联　B 分流电阻串联
    C 分压电阻并联　D 分流电阻并联
11. 用数字式万用表测量二极管时,若显示 0.150~0.300V,则表示该二极管( )。
    A 已被击穿　　　B 内部开路　　　　C 为锗管　　　　　D 为硅管
12. 测量时先测出与被测量有关的电量,然后通过计算求得被测量数值的方法叫( )测量法。
    A 直接　　　　　B 间接　　　　　　C 替换　　　　　　D 比较
13. 直流电压表的分压电阻必须与其测量机构( )。
    A 断开　　　　　B 串联　　　　　　C 并联　　　　　　D 短路

14. 钳形电流表的优点是( )。
A 准确度高 B 灵敏度高
C 可以交直流两用 D 可以不切断电路测电流

15. 万用表的测量机构通常采用( )。
A 磁电系直流毫安表 B 交直流两用电磁系直流毫安表
C 磁电系直流微安表 D 交直流两用电磁系直流微安表

16. 用量程为 10A 的电流表测量实际值为 8A 的电流,若仪表读数为 8.1A,试求其绝对误差和相对误差各为( )。
A +0.1A,+1.25% B +1A,+1.25%
C +0.1A,+12.5% D +0.1A,+10.25%

17. 测量运行中的绕线式异步电动机的转子电流,可以用( )。
A 安培表 B 互感器式钳形电流表
C 检流计 D 电磁系钳形电流表

18. 使用钳形电流表时,下列操作错误的是( )。
A 测量前先估计被测量的大小
B 测量时导线放在钳口中心
C 测量小电流时,允许将被测导线在钳口多绕几圈
D 测量完毕,可将量程开关置于任意位置

19. 万用表测量线路所使用的元件主要有( )。
A 游丝、磁铁、线圈等 B 转换开关、电阻、二极管等
C 转换开关、磁铁、电阻等 D 电阻、二极管等

20. 万用表欧姆标度尺中心位置的值表示( )。
A 欧姆表的总电阻 B 欧姆表的总电源
C 该挡欧姆表的总电阻 D 该挡欧姆表的总电源

21. 欧姆表的标度尺刻度是( )。
A 与电流表刻度相同,而且是均匀的
B 与电流表刻度相同,而且是不均匀的
C 与电流表刻度相反,而且是均匀的
D 与电流表刻度相反,而且是不均匀的

22. 在测量较高电压电路的电流时,电流表应( )。
A 串联在被测电路的低电位端 B 串联在被测电路的高电位端
C 串联在被测电路的任一端 D 并联在被测电路的高电位端

23. 下列( )电工仪表在测量电学量时,不从被测量电路中吸取任何能量,也不影响被测电路的状态和参数,在计量工作和高精度测量中被广泛利用。
A 直流单臂电桥 B 直流双臂电桥
C 直流电位差计 D 兆欧表

24. 一般万用表的 R×10k 挡,是采用( )方法来扩大欧姆量程的。
A 改变分流电阻值 B 提高电池电压
C 保持电池电压不变,改变分流电阻值 D 降低电池电压

25. 兆欧表一般有三个接线端子，分别用字母"L""E""G"来表示，其中"L"表示（　　）。
    A　相线　　　　　B　地线　　　　　C　保护环　　　　D　前面三项都不对
26. 兆欧表的测量机构通常采用（　　）。
    A　电磁系仪表　　　　　　　　　B　电磁系比率表
    C　磁电系仪表　　　　　　　　　D　磁电系比率表
27. 手摇式兆欧表的额定转速为（　　）r/min。
    A　50　　　　　　B　80　　　　　　C　120　　　　　D　150
28. 使用兆欧表测量前（　　）。
    A　要串联接入被测电路　　　　　B　不必切断被测设备的电源
    C　要并联接入被测电路　　　　　D　必须先切断被测设备的电源
29. 测量额定电压为380V的发电机线圈绝缘电阻，应选用额定电压为（　　）V的兆欧表。
    A　380　　　　　B　500　　　　　C　1000　　　　D　2500
30. 从工作原理上分，兆欧表属于（　　）仪表。
    A　磁电式　　　　B　电磁式　　　　C　电动式　　　　D　整流式
31. 手摇式兆欧表在使用前，指针指示在标度尺的（　　）。
    A　"0"处　　　　B　中央处　　　　C　"∞"处　　　　D　任意位置
32. 直流单臂电桥主要用于精确测量（　　）。
    A　大电阻　　　　B　中电阻　　　　C　小电阻　　　　D　任意电阻
33. 用直流单臂电桥测量电感线圈的直流电阻时，应（　　）。
    A　先按下电源按钮，再按下检流计按钮
    B　先按下检流计按钮，再按下电源按钮
    C　同时按下电源按钮和检流计按钮
    D　随意按下电源按钮和检流计按钮
34. 用直流单臂电桥测量电阻时，若发现检流计指针向"＋"方向偏转，则需要（　　）。
    A　增加比例臂电阻　　　　　　　B　减小比例臂电阻
    C　增加比较臂电阻　　　　　　　D　减小比较臂电阻
35. 直流单臂电桥使用完毕，应该（　　）。
    A　先将检流计锁扣锁上，再拆除被测电阻，最后切断电源
    B　先将检流计锁扣锁上，再切断电源，最后拆除被测电阻
    C　先切断电源，然后拆除被测电阻，再将检流计锁扣锁上
    D　先拆除被测电阻，再切断电源，最后将检流计锁扣锁上
36. 电桥使用完毕，要将检流计锁扣锁上，以防（　　）。
    A　电桥出现误差　　　　　　　　B　破坏电桥平衡
    C　电桥灵敏度下降　　　　　　　D　搬动时振坏检流计
37. 标准电池不能过载，流过它的电流不允许大于（　　）μA。
    A　1　　　　　　B　5　　　　　　C　10　　　　　　D　20

38. 用直流电桥测量电阻时，电桥和被测电阻的连接应用（　　）。
   A 较粗的导线　　　　　　　　B 较细的导线
   C 任意粗细的导线　　　　　　D 较粗较短的导线

39. 直流双臂电桥主要用来测量（　　）。
   A 大电阻　　　B 中电阻　　　C 小电阻　　　D 小电流

40. 用直流单臂电桥测量一估算值为 500Ω 的电阻时，比例臂应选（　　）。
   A 0.1　　　　B 1　　　　　C 10　　　　　D 100

41. 用直流单臂电桥测量一估算值为 12Ω 的电阻时，比例臂应选（　　）。
   A 1　　　　　B 0.1　　　　C 0.01　　　　D 0.001

42. 使用直流单臂电桥测量小电阻时，若发现检流计指针向"+"方向偏转，则需（　　）。
   A 增加比例臂电阻　　　　　　B 增加比较臂电阻
   C 减小比例臂电阻　　　　　　D 减小比较臂电阻

43. 使用直流双臂电器测量小电阻时，被测电阻的电流端钮应接在电位端钮的（　　）。
   A 外侧　　　　B 内侧　　　　C 并联　　　　D 内侧或外侧

44. 直流双臂电桥可以精确地测量小电阻，主要是因为直流双臂电桥（　　）。
   A 工作电流较大　　　　　　　B 工作电压较低
   C 工作电压较高　　　　　　　D 设置了电流和电位端钮

45. 电桥平衡的条件是（　　）。
   A 相邻臂电阻相等　　　　　　B 相邻臂电阻乘积相等
   C 相对臂电阻相等　　　　　　D 相对臂电阻乘积相等

46. 电桥的电池电压不足时，将影响电桥的（　　）。
   A 准确度　　　B 灵敏度　　　C 平衡　　　　D 测量范围

47. 磁电系检流计的特点是（　　）。
   A 准确度高　　　　　　　　　B 结构简单
   C 灵敏度高　　　　　　　　　D 准确度和灵敏度都高

48. 判断检流计线圈的通断（　　）测量。
   A 用万用表的 R×1 挡　　　　B 用万用表的 R×10 挡
   C 用电桥　　　　　　　　　　D 不能用万用表或电桥

49. 搬运检流计时不应该（　　）。
   A 轻拿轻放　　　　　　　　　B 将止动器锁上
   C 将两接线端子开路　　　　　D 随意放置

50. 下列不属于用电位差计测量电位差的优点的是（　　）。
   A 准确度高　　　　　　　　　B 测量范围宽广
   C 灵敏度高　　　　　　　　　D 内阻低

51. 磁电系检流计常用来（　　）。
   A 测量电流的有无　　　　　　B 测量电流的大小
   C 精密测量电流的大小　　　　D 精密测量电压的大小

52. 若发现检流计的灵敏度低,可以( )。
   A 适当加粗导线直径 B 适当减小导线直径
   C 适当加强张丝的张力 D 适当放松张丝的张力
53. 双踪示波器中,X轴偏转系统主要用于放大( )。
   A 被测电压信号 B 正弦波扫描信号
   C 锯齿波扫描信号 D 矩形波扫描信号
54. 要使显示波形亮度适中,应调节( )旋钮。
   A 聚焦 B 辉度 C 辅助聚焦 D X轴衰减
55. 如果示波器偏转板上不加电压,则会在荧光屏上出现( )。
   A 满屏亮 B 中间亮 C 上方一点亮 D 下方一点亮
56. 示波管是将电信号转换成( )。
   A 声信号 B 机械信号 C 光信号 D 数字信号
57. 发现示波管的光点太亮时,应调节( )。
   A 聚焦旋钮 B 辉度旋钮
   C X轴位移旋钮 D Y轴增幅旋钮
58. 调节普通示波器X轴位移旋钮,可以改变光点在( )。
   A 垂直方向的幅度 B 水平方向的幅度
   C 垂直方向的位置 D 水平方向的位置
59. 不要频繁开闭示波器的电源,防止损坏( )。
   A 电源 B 示波器灯丝 C 保险丝 D X轴放大器
60. 下列属于比较仪表的是( )。
   A 万用表 B 电桥 C 兆欧表 D 示波器
61. 当万用表的转换开关放在空挡时,则( )。
   A 表头被断开 B 表头被短路 C 与表头无关 D 整块表被断开
62. 用普通示波器观测一波形,若荧光屏显示由左向右不断移动的不稳定波形时,应当调整( )旋钮。
   A X位移 B 扫描范围 C 整步增幅 D 同步选择
63. 低频信号发生器是用来产生( )信号的信号源。
   A 标准方波 B 标准直流 C 标准高频正弦 D 标准低频正弦
64. 低频信号发生器的低频振荡信号由( )振荡器产生。
   A LC B 电感三点式 C 电容三点式 D RC
65. 低频信号发生器的输出频率主要由( )来决定。
   A 电阻 B 电感 C 电容 D RC
66. 示波器通电后,需预热( )min后才能正常工作。
   A 1 B 15 C 30 D 60
67. 为得到最大的输出功率,应将低频信号发生器的"输出衰减"旋钮置于( )位置。
   A 最大 B 最小 C 适当 D 随机
68. 一般钳形电流表,不适用( )电流的测量。

A 单相交流电路 B 三相交流电路
C 高压交流二次回路 D 直流电路

69. 下列（　　）测量适宜选用直流双臂电桥。
A 接地电阻 B 电刷和换向器的接触电阻
C 变压器变比 D 蓄电瓶内阻

70. 兆欧表表头可动部分的偏转角只随被测（　　）的改变而改变。
A 电流 B 电压 C 电阻 D 功率

二、多选题

1. 电工仪表主要由（　　）组成。
A 测量线路 B 测量机构
C 转换开关 D 表头
E 显示屏

2. 常用的电工仪表测量方法主要是（　　）。
A 直接测量法 B 间接测量法
C 对比测量法 D 比较测量法
E 目测测量法

3. 电工指示仪表按工作原理分类，主要分为（　　）。
A 磁电系仪表 B 电磁系仪表
C 电动系仪表 D 感应系仪表
E 气动系仪表

4. 根据产生误差的原因不同，仪表误差分为（　　）。
A 基本误差 B 附加误差
C 系统误差 D 偶然误差
E 引用误差

5. 直流电阻箱的主要用途有（　　）。
A 供直流电路中作精密调节电阻之用 B 精确测量电动势、电压
C 整机校验万分之五以下的电阻箱 D 作为电压单位的基准
E 校验携带式直流单臂电桥

6. 磁电系测量机构中游丝的作用是（　　）。
A 产生反作用力矩 B 产生正作用力矩
C 把被测电流导入和导出可动线圈 D 把被测电压导入和导出可动线圈
E 使系统结构稳定

7. 一般情况下，万用表以测量（　　）为主要目的。
A 电流 B 电压
C 电阻 D 电容
E 电感

8. 下列关于兆欧表的选择的说法，正确的是（　　）。
A 通常500V以下的电气设备，选用500～1000V的摇表

B 瓷瓶选用1000V及以上的兆欧表

C 母线及闸刀等选用2500V以上的兆欧表

D 不要使测量范围过多地超出被测绝缘电阻的数值,以免产生较大的读数误差

E 仪表工作电压不高,因此选用250V或500V摇表

9. 下列(　　)是直流电位差计的优点。

A 不从被测量电路中吸取任何能量　　B 测量直流电压的误差小

C 操作简便　　D 不影响被测电路的状态和参数

E 准确度高

10. 关于直流电阻箱,下列说法正确的是(　　)。

A 使用前应先旋转一下各组旋钮,使之接触稳定可靠

B 电阻箱属于标准仪器,只作标准仪器使用,不得作其他用途

C 在使用中,各挡最大允许电流不得超过规定值

D 电阻箱应定期检定,以保证其准确度

E 使用完毕必须擦干净,存放在符合要求的地方

11. 关于标准电池,下列说法正确的是(　　)。

A 使用和存放场所的温度应合适且波动要小

B 防止摇晃振动,但结构稳定可以倒置

C 不能过载

D 可以长时间使用

E 要定期送检,出厂的检定证书及历年的检定数据要妥为保存

12. 利用示波器能观察各种不同信号幅度随时间变化的波形曲线,还可以用它测试(　　)。

A 电压　　B 电流

C 频率　　D 相位差

E 调幅度

13. 下列属于示波器按照结构和性能的不同进行分类的是(　　)。

A 模拟示波器　　B 数字示波器

C 普通示波器　　D 多用示波器

E 多踪示波器

14. 关于示波器,下列说法正确的是(　　)。

A 通用示波器通过调节亮度和聚焦旋钮使光点直径最小以使波形清晰,减小测试误差

B 不要使光点停留在一点不动,否则电子束轰击一点宜在荧光屏上形成暗斑,损坏荧光屏

C 被测设备供电电源等设备接地线必须与公共地(大地)相连

D 示波器一般要避免频繁开机、关机

E 示波器长时间不使用时,应关机

15. 函数信号发生器能够产生(　　)波形。

A 三角波　　B 锯齿波

C 方波   D 正弦波

E 梯形波

16. 关于函数信号发生器，下列说法正确的是（　　）。

A 可以带电移动函数信号发生器

B 勿让任何带电物体靠近信号发生器，以防损坏信号发生器的内部电路

C 不要对信号发生器的外壳和操作面板使用任何挥发性化学用品

D 如果使用 AC 充电器且不长时间使用仪表时，要从电源插座上拔掉电源线

E 如果长时间内不使用信号发生器，需取出电池

17. 下列属于多用示波器的优点的是（　　）。

A 频带较宽

B 扫描线性好

C 电路结构简单

D 能对直流、低频、高频、超高频信号和脉冲信号进行定量测试

E 没有时差，时序关系准确

18. 直流电位差计测量的准确度主要取决于（　　）。

A 电阻丝每段长度的准确性和粗细的均匀性

B 标准电源的准确度

C 检流计的灵敏度

D 工作电流的稳定性

E 工作电压的稳定性

19. 下列对于兆欧表的使用方法及注意事项，说法正确的是（　　）。

A 首先检查兆欧表是否正常工作，将摇表垂直位置放置

B 置零时，注意在摇动手柄时不得让"L"和"E"短接时间过长，不得用力过猛，以免损坏表头

C 检查被测电气设备和电路，是否已全部切断电源

D 测量前应对设备和线路先行放电

E 注意将被测试点擦拭干净

20. 关于兆欧表，下列说法正确的是（　　）。

A 兆欧表必须水平放置于平稳牢固的地方，以免在摇动时因抖动和倾斜产生测量误差

B 在测电气设备对地绝缘电阻时，"L"用单根导线接设备的待测部位，"G"接设备外壳

C 如测电气设备内两绕组之间的绝缘电阻时，将"L"和"E"分别接两绕组的接线端，引线不能混在一起，以免产生测量误差

D 当测量电缆的绝缘时，为消除因表面漏电产生的误差，"L"接线芯，"E"接外壳，"G"接线芯与外壳之间的绝缘层

E 摇动手柄的转速要均匀，一般规定 120r/min，允许有±20%的变化

21. 下列关于数字式万用表使用注意事项，说法正确的是（　　）。

A 为防止仪表受损，测量时，请先连接零线或地线，再连接火线；断开时，请先切

断火线，再断开零线和地线
B 为了防止可能发生的电击、火灾或人身伤害，测量电阻、连通性、电容或结式二极管之前请先断开电源并为所有高压电容器放电
C 为安全起见，打开电池盖之前，首先断开所有探头、测试线和附件
D 请勿超出产品、探针或附件中额定值最低单个元件测量类别（CAT）的额定值
E 如果长时间不使用产品或将其存放在高于50℃的环境中，请取出电池。否则电池漏液可能损坏产品

22. 电工仪表按结构与用途不同，可分为（　　）。
A 指示仪表　　　　　　　　B 比较仪表
C 数字仪表　　　　　　　　D 模拟仪表
E 智能仪表

23. 下列属于比较仪表的是（　　）。
A 万用表　　　　　　　　　B 直流电桥
C 点位差计　　　　　　　　D 交流电桥
E 兆欧表

24. 下列关于指针式万用表的说法，正确的是（　　）。
A 指针式万用表由表头、测量电路及转换开关等三个主要部分组成
B 表头是一只高灵敏度的磁电式直流电流表
C 表头指针满刻度偏转时流过表头的直流电流值越大，表头的灵敏度越高
D 表头测电压时的内阻越大，其性能就越好
E 测量线路是万用表实现多种电量测量，多种量程变换的电路

25. 下列关于指针式万用表测电压的说法，正确的是（　　）。
A 用小量程去测量大电压，会有烧表的危险
B 用大量程去测量小电压，那么指针偏转太小，无法读数
C 量程的选择应尽量使指针偏转到满刻度的1/3左右
D 如果事先不清楚被测电压的大小时，应先选择最高量程挡，然后逐渐减小到合适的量程
E "＋"表笔（红表笔）接到高电位处，"－"表笔（黑表笔）接到低电位处

26. 数字式万用表的优点有（　　）。
A 准确度高　　　　　　　　B 分辨率强
C 测试功能完善　　　　　　D 测试速度快
E 过滤能力强

27. 下面关于指针式万用表的注意事项，说法正确的是（　　）。
A 万用表水平放置
B 使用前，应检查表针是否停在表盘左端的零位
C 在测电流、电压时，可以带电换量程
D 选择量程时，要先选大量程，后选小量程
E 测电阻时，不能带电测量

28. 下列关于指针式万用表测电流的说法，正确的是（　　）。

A 测量时必须先断开电路

B 将万用表并联到被测电路中

C 测量时，需要有人监护

D 测量时，不要用手触摸表笔的金属部分，以保证安全和测量的准确性

E 测量高压或大电流时，可以在测量时旋动转换开关

29. 下列关于兆欧表的说法，正确的是(　　)。

A 为保证安全，在用兆欧表测试电路前，请先从被测电路断开所有电源并且将所有电容放电

B 在开始测试之前，请先确保安装接线正确且没有任何人员受伤的危险

C 首先将测试导线连接至兆欧表输入，然后连接至被测电路

D 测试前后，确认兆欧表未指示存在危险电压

E 测试完毕后，在端子的测试电压归零之前，请勿断开测试导线

30. 下列关于双臂电桥使用方法的说法，正确的是(　　)。

A 被测电阻应与电桥的电位端钮 P1 和 P2 和电流端钮 C1、C2 正确连接

B 若被测电阻没有专门的接线，可从被测电阻两接线头引出四根连接线

C 注意要将电位端钮接至电流端钮的内侧

D 连接导线应尽量短而粗，接线头要除尽漆和锈并接紧，尽量减少接触电阻

E 直流双臂电桥工作电流很大，测量时操作要快，以避免电池的无谓消耗

三、判断题

(　　) 1. 使用绝缘电阻表测电阻属于比较测量法。

(　　) 2. 使用万用表测电阻的准确度较高。

(　　) 3. 直流双臂电桥一般使用容量较大的低电压电源。

(　　) 4. 用伏安法测电阻时，若被测电阻很小，应采用电压表前接电路。

(　　) 5. 直流单臂电桥就是惠斯登电桥。

(　　) 6. 用电桥测量电阻的方法属于比较测量法。

(　　) 7. 只要电桥上检流计的指针指零，电桥一定平衡。

(　　) 8. 用直流双臂电桥测量小电阻时，可同时按下电源按钮和检流计按钮。

(　　) 9. 饱和标准电池在 20℃时电势约为 1.0188～1.0193，内阻约为 500Ω。

(　　) 10. 绝缘电阻表的测量机构采用磁电系仪表。

(　　) 11. 直流双臂电桥工作电流很大，测量时操作要快，以避免电池的无谓消耗。

(　　) 12. 电阻箱虽然属于标准仪器，不仅可以作为标准仪器使用，也能用作其他用途。

(　　) 13. 电位差计在测量过程中，其工作条件易发生变化（如辅助回路电源 E 不稳定、可变电阻 R 变化等），所以测量时为保证工作电流标准化，每次测量都必须经过定标和测量两个基本步骤，且每次达到补偿都要进行细致的调节，所以操作繁琐、费时。

(　　) 14. 接地电阻的大小可由接地电阻表的标度盘中直接读取。

(　　) 15. 电动系仪表的准确度较电磁系仪表的准确度高，不易受到外磁场的干扰。

(　　) 16. 电动系测量机构是利用两个通电线圈之间产生电动力作用的原理制成的。

（   ）17. 电动系仪表测电流时，指针的偏转角与通过线圈电流的大小成正比。
（   ）18. 电动系仪表的标度尺是均匀的。
（   ）19. 万用表欧姆量程的扩大是通过改变欧姆中心值来实现的。
（   ）20. 万用表测电阻的实质是测电流。
（   ）21. 数字式电压表的核心是逻辑控制器。
（   ）22. LED 数码显示器适用于安装式的数字式仪表。
（   ）23. 数字式电压基本表的输出电阻极大，故可视为开路。
（   ）24. 数字式万用表只能测量 0～50Hz 范围内的正弦波交流电。
（   ）25. 为得到最大的输出功率，低频信号发生器的"阻抗衰减"旋钮应置于最小位置。
（   ）26. 低频信号发生器的核心是振荡器。
（   ）27. 双踪示波器的核心是示波管。
（   ）28. 调节示波管的控制栅极电压可使电子束聚焦。
（   ）29. 通常被测电压都加在示波管的 X 轴偏转板上。
（   ）30. 双踪示波器中电子开关的工作状态共有 5 种。
（   ）31. 使用示波器测量信号时，必须注意将 Y 轴增益微调和 X 轴增益微调旋钮旋至"校准"位置。
（   ）32. 由于仪表工作位置不当所造成的误差叫绝对误差。
（   ）33. 工程中规定以最大引用误差来表示仪表的准确度。
（   ）34. 为保证测量结果的准确性，不但要保证仪表的准确度高，还要选择合适的量程。
（   ）35. 选择仪表时，要求其灵敏度越高越好。
（   ）36. 仪表本身消耗的功率越小越好。
（   ）37. 测量误差实际上就是仪表误差。
（   ）38. 测量误差主要分为绝对误差、相对误差和引用误差三种。
（   ）39. 各种类型电工指示仪表的测量机构，都是由固定部分和可动部分组成的。
（   ）40. 在电工指示仪表中，传动力矩与被测量成正比。
（   ）41. 电工指示仪表的指针偏转角度越大，反作用力矩越大，阻尼力矩也越大。
（   ）42. 磁电系仪表是磁电系测量机构的核心。
（   ）43. 磁电系测量机构中的游丝主要用来产生反作用力矩。
（   ）44. 磁电系测量机构是根据通电线圈在磁场中受到电磁力而偏转的原理制成的。
（   ）45. 磁电系电流表又称为直流电流表。
（   ）46. 对一只电压表来讲，电压量程越高，电压表的内阻越大。
（   ）47. 使用检流计时要按照正常工作位置放置。
（   ）48. 电磁系测量机构既能测交流，又能测直流。
（   ）49. 电磁系电压表的刻度是不均匀的。
（   ）50. 目前安装式交流电流表大多采用磁电系电流表。
（   ）51. 安装式交流电压表一般采用磁电系测量机构。

（　）52. 钳形电流表的准确度一般都在 0.5 级以上。

（　）53. 钳形电流表使用完毕，要把其量程开关置于最大量程位置。

（　）54. 一般的工程测量可选用 1.0 级以上的仪表，以获得足够的准确度。

（　）55. 万用表用的转换开关大多采用多层多刀多掷开关。

（　）56. 万用表以测量电感、电容、电阻为主要目的。

（　）57. 万用表的测量机构一般采用交直流两用的仪表，以满足各种测量的需要。

（　）58. 万用表交流电压挡的电压灵敏度比直流电流挡的高。

（　）59. 直流电阻挡是万用表的基础挡。

（　）60. 万用表直流电压挡的 10V 挡正常，50V 挡时指针不动，原因是 50V 挡所用的分压电阻开路。

（　）61. 万用表欧姆挡可以测量 0～∞ 之间任意阻值的电阻。

（　）62. 使用万用表测量高电压及大电流时，严禁变压器带电切换量程开关。

（　）63. 示波器中扫描法发生器可以产生频率可调的正弦波电压。

（　）64. 示波器的核心是示波管。

（　）65. 示波器在使用过程中暂时不测波形时，最好将电源开关断开。

（　）66. 兆欧表的测量机构采用磁电式仪表。

（　）67. 测量电气设备的对地电阻时，应将 L 接到被测设备上，E 可靠接地即可。

（　）68. 选择兆欧表的原则是要选用准确度和灵敏度均高的兆欧表。

四、问答题

1. 为什么说"直流电流挡是万用表的基础挡"？
2. 使用万用表时如何正确选择量程？
3. 如何检查万用表直流电流挡的故障？
4. 数字式万用表的基本结构由哪几部分组成？各部分的作用是什么？
5. 提高电桥准确度的条件是什么？
6. 为了使双臂电桥平衡时，求解 R_x 时的公式与单臂电桥相同，直流双臂电桥在结构上采取了哪些措施？
7. 已知兆欧表的指针偏转角与电源电压无关，为什么又要求其电源电压不能太低？
8. 怎么检查兆欧表的好坏？
9. 简述低频信号发生器的使用方法。
10. 普通示波器由哪几部分组成？各部分的作用是什么？

第9章 常用在线监测仪表的使用、安装与维护

一、单选题

1. 以下（　　）超声波流量计介质的特性不影响声波的传输速度。
   A 介电特性　　　B 温度　　　　C 压力　　　　D 形态

2. 用差压变送器测量液位的方法是利用（　　）。
   A 浮力压力　　　B 静压原理　　C 电容原理　　D 动压原理

3. 下列不是超声波物位计特点的是（　　）。
   A 超声探头振动较大
   B 不受光线、粉尘、湿度、黏度的影响
   C 可测范围大，液体、粉末、固体颗粒都可测量
   D 非接触测量仪表

4. 流量计是指测量流体流量的仪表，它能指示和记录某瞬时流体的（　　）；计量表是指测量流体总量的仪表，它能累计某段时间间隔内流体的总量，即各瞬时流量的累加和，如水表、燃气表等。
   A 电流值　　　　B 流量值　　　C 压力值　　　D 温度值

5. 转子流量计中的流体流动方向是（　　）。
   A 自下而上　　　B 自上而下　　C 自左向右　　D 自右向左

6. 在管道中流动的流体具有动能和位能，在一定条件下这两种能量可以相互转换，但参加转换的能量总和是（　　）的。
   A 变大　　　　　B 变小　　　　C 不变　　　　D 无法确定

7. 关于电磁流量计，以下说法错误的是（　　）。
   A 电磁流量计是不能测量气体介质流量
   B 电磁流量计是变送器地线接在公用地线、上下水管道就够了
   C 电磁流量计的输出电流与介质流量有线性关系
   D 电磁流量变送器和工艺管道紧固在一起可以不必再接地线

8. 电磁流量计是测量（　　）信号制成的流量仪表，可用来测量导电液体体积流量。
   A 频率　　　　　B 感应电动势　C 流速　　　　D 相位差

9. 流量计垂直安装时，转子重心与锥管管轴会相重合，作用在转子上的三个力都（　　）于管轴。
   A 垂直　　　　　B 倾斜　　　　C 平行　　　　D 不作用

10. 超声波流量计量程比较宽，可达（　　）。
    A 2∶1　　　　　B 3∶1　　　　C 4∶1　　　　D 5∶1

11. 涡轮流量计是以流体（　　）为基础的流量测量仪表。

A 振荡原理   B 动量矩原理   C 流体动压原理   D 导电现象

12. 超声波流量计的安装达不到稳流条件的标准要求，距离泵出口、半开阀门直管段不能保证（　　），且没有弯头等缓冲装置。

A 4D   B 6D   C 8D   D 10D

13. 管内壁结垢会衰减超声波信号的传输，并且会使管道内径（　　）。

A 变大   B 变小   C 不变   D 无法确定

14. 电磁流量计的安装可采用（　　）安装，但应保证满管条件。

A 水平   B 垂直   C 倾斜   D 都可以

15. 电磁流量计的安装管道要求（　　）。

A 上游<5D，下游≥2D   B 上游<5D，下游<2D
C 上游≥5D，下游≥2D   D 上游≤5D，下游≤2D

16. 膜片压力表的优点是能根据不同的被测腐蚀介质，选取不同的膜片材料，以达到最好的（　　）。

A 耐高温性   B 耐电压性   C 耐韧性   D 耐腐蚀性

17. 陶瓷传感器的优点是：抗过载能力高达（　　）倍标称压力。

A 20   B 30   C 40   D 50

18. 膜片压力表用于（　　）MPa 以下具有腐蚀性的气体、液体、浆液的压力测量。

A 1.5   B 2.5   C 3.5   D 4.5

19. 为了保证弹性式压力计的寿命和精度，压力计的实际使用压力应有一定的限制。当测量稳定压力时，正常操作压力应为量程的（　　）。

A 0～1/3   B 1/3～1/2   C 1/3～2/3   D 2/3～1

20. 某容器的压力为1MPa。为了测量它，应选用量程为（　　）MPa 的工业压力表。

A 0～1   B 0～1.6   C 0～5   D 0～4

21. 压力检测仪表的安装采样点应选在介质流速（　　）的地方。

A 稳定   B 较快   C 较慢   D 变化

22. 压力检测仪表如果和温度检测仪表安装在同一管段，则应安装在温度检测仪表（　　）。

A 上游侧   B 下游侧   C 同侧   D 远端

23. 压力检测仪表的端部（传感器）不应超出工艺设备或管段的（　　）。

A 外壁   B 内壁   C 内壁1/3   D 内壁1/2

24. 导压管水平敷设时，必须要有一定的坡度，一般情况下，要保持（　　）的坡度。

A 1：10～1：20   B 1：20～1：30   C 1：30～1：40   D 1：40～1：50

25. 压力表及压力变送器的垫片通常采用（　　）垫。

A 四氟乙烯   B 聚四氟乙烯   C 橡胶   D 石棉

26. 工业现场压力表的示值表示被测参数的（　　）。

A 动压   B 全压   C 静压   D 侧压

27. 压力表安装时取压管与管道连接处的内壁应（　　）。

A 平齐   B 插入其中
C 插入期内并弯向介质流动过来的方向   D 侧面插入

28. 压力变送器无输出的原因可能是（　　）（以 E+H 压力变送器为例）。
A 电源线接反了　　　　　　　　B 电源电压不足
C 变送器硬件故障　　　　　　　D 以上三项均有可能

29. 压力表的使用范围一般在它量程的 1/3~2/3 处，如果低于 1/3，则（　　）。
A 因为压力过低仪表没有显示　　B 精度等级下降
C 相对误差增加　　　　　　　　D 机械损坏

30. 工业现场压力表测的压力为（　　）。
A 真空度　　　　　　　　　　　B 绝对压力
C 表压力　　　　　　　　　　　D 侧面插入所测压力

31. 水厂积水槽使用的潜污泵一般根据（　　）液位报警运行工作。
A 电磁传感器　　　　　　　　　B 电容传感器
C 浮子液位传感器　　　　　　　D 电缆式浮球开关

32. 下列不属于浮力式液位计的特点是（　　）。
A 结构简单　　　　　　　　　　B 造价低
C 维持方便　　　　　　　　　　D 无须使用机械原理

33. 超声波物位计是通过测量声波发射和反射回来的（　　）差来测量物位高度的。
A 时间　　　B 速度　　　C 频率　　　D 强度

34. 差压计测得的差压与液位的（　　）成正比，这样就把测量液位高度的问题变成了测量差压的问题。
A 高度　　　B 温度　　　C 密度　　　D 压力

35. 浮球式液位计常用于在公称压力小于（　　）MPa 的容器内的液位测量，安装的要求也不高。
A 0.5　　　B 1　　　C 1.5　　　D 2

36. 浮球式液位计所测液位越高，则浮球所受浮力（　　）。
A 越大　　　B 越小　　　C 不变　　　D 不一定

37. 根据恒浮力原理使用的液位仪是（　　）液位仪。
A 浮球式　　　B 浮筒式　　　C 差压式　　　D 超声波式

38. 差压变送器的安装高度不应（　　）下部取压口。
A 低于　　　B 高于　　　C 没有关系　　　D 无法确定

39. 在电容式物位计中，电极一般是由（　　）。
A 不锈钢制成的，在 60℃以下其绝缘材料为聚四氟乙烯
B 不锈钢制成的，在 60℃以下其绝缘材料为聚乙烯
C 碳钢制成的，在 60℃以下其绝缘材料为聚四氟乙烯
D 碳钢制成的，在 60℃以下其绝缘材料为聚乙烯

40. 浮筒式液位变送器在现场调节零位时，浮筒内应（　　）。
A 放空　　　B 充满被测介质　　　C 充满水　　　D 有无介质不影响

41. 对于容器内含有杂质结晶凝聚或易自聚的被测液体及黏度较大的被测液体，可选用（　　）差压变送器以避免测量导管堵塞。
A 法兰式　　　B 电子远传式　　　C 毛细管式　　　D 隔膜式

42. 调试超声波液位计时，建议最小盲区设为（　）m，但为了扩大盲区，也可增大该值。
   A　0.1　　　　　B　0.2　　　　　C　0.25　　　　　D　0.3

43. 当超声波液位仪的传感器下方有部分水滴附着时，其测量示数（　）。
   A　会变大　　　B　保持不变　　C　会变小　　　　D　波动不定

44. 测量敞口容器的液位，则变送器的量程与（　）有关。
   A　液位高、低之差　B　高液位　　C　低液位　　　D　大气压

45. 以下不属于物位仪表的检测对象的是（　）。
   A　液位　　　　B　界位　　　　C　料位　　　　　D　密度

46. 热电偶式温度传感器的工作原理是基于（　）。
   A　压电效应　　B　热电效应　　C　应变效应　　　D　光电效应

47. 可用于温度测试的传感器有（　）。
   A　电感传感器　B　热电偶　　　C　气敏传感器　　D　热敏传感器

48. 在热电阻温度计中，电阻和温度的关系是（　）。
   A　近似线性　　B　非线性　　　C　水平直线　　　D　垂直线

49. 热电偶的延长应使用（　）。
   A　导线　　　　B　三芯电缆　　C　补偿导线　　　D　二芯电缆

50. 工业上把热电偶的热电特性与分度表的热电特性值不完全一致所产生的误差称为（　）。
   A　热交换误差　B　分度误差　　C　动态误差　　　D　补偿导线误差

51. 在热电偶测温回路中经常使用补偿导线的最主要的目的是（　）。
   A　补偿热电偶冷端热电势的损失
   B　起冷端温度补偿作用
   C　将热电偶冷端延长到远离高温区的地方
   D　提高灵敏度

52. 由于热电偶材料的化学成分、应力分布和晶体结构的均质程度差异引起的误差称为（　）。
   A　不均匀误差　B　热交换误差　C　分度误差　　　D　动态误差

53. （　）的数值越大，热电偶的输出电势就越大。
   A　热端直径　　　　　　　　　　B　热端和冷端的温度
   C　热端和冷端的温差　　　　　　D　热电极的电导率

54. 热电阻的引出线采用三线制是为了（　）。
   A　提高测量灵敏度　　　　　　　B　减小非线性误差
   C　提高电磁兼容性　　　　　　　D　减小引线电阻的影响

55. 热电阻的动态误差比热电偶的动态误差（　）。
   A　大　　　　　B　小　　　　　C　无差别　　　　D　无可比性

56. 热电阻测量时阻值与温度关系有变化，其原因可能是（　）。
   A　电热阻丝材料受腐蚀变质　　　B　热电阻短路
   C　接线端子松开　　　　　　　　D　电热阻或引出线断路

第9章 常用在线监测仪表的使用、安装与维护

57. 当组成热电偶的热电极的材料均匀时,其热电势的大小与热电极本身的长度和直径大小无关,只与热电极材料的成分及两端的( )有关。
　A 电压　　　　　B 湿度　　　　　C 温度　　　　　D 电流

58. 在使用热电偶补偿导线时必须注意型号相配,极性不能接错,补偿导线与热电偶连接端的温度不能超过( )℃。
　A 50　　　　　　B 100　　　　　C 150　　　　　D 200

59. 常用热电阻温度计可测( )之间的温度。
　A −200～600℃　B −100～500℃　C 0～500℃　　D 0～600℃

60. 使用热电阻测温时,如果显示仪表指示无穷大,其原因可能是( )。
　A 保护管内有金属屑、灰尘,接线柱间脏污及热电阻短路
　B 电热阻或引出线断路及接线端子松开等
　C 电热阻丝材料受腐蚀变质
　D 显示仪表与热电阻接线有错,或热电阻有短路现象

61. 仪表工在进行故障处理前,必须( )。
　A 熟悉工艺流程
　B 清楚自控系统、检测系统的组成及结构
　C 端子号与图纸全部相符
　D 以上三项

62. 用电阻法检查仪表的故障时,应该在仪表( )情况下进行。
　A 通电　　　B 通电并接入负载　　C 不通电　　　D 任意

63. 显示仪表指示负值( )。
　A 保护管内有金属屑、灰尘,接线柱间脏污及热电阻短路
　B 电热阻或引出线断路及接线端子松开等
　C 电热阻丝材料受腐蚀变质
　D 显示仪表与热电阻接线有错,或热电阻有短路现象

64. 显示仪表工业中习惯被称为( )。
　A 一次仪表　　B 二次仪表　　　C 电子仪表　　　D 智能仪表

65. 仪表按照能源划分为( )。
　A 电动和气动　　　　　　　　　B 电动和液动
　C 气动和液动　　　　　　　　　D 电动、气动和液动

66. 新型显示记录仪表功能是,以微处理器 CPU 为核心,采用( ),把被测信号转换成数字信号,送到随机存储器加以保存,并在彩色液晶屏幕上显示和记录被测变量。
　A 数字信号　　B 模拟信号　　　C 液晶显示屏　　D 随机存储器

67. 电压型数字式显示仪表的输入信号是( )传感器输出的电压、电流等连续信号。
　A 电容式　　　B 电感式　　　　C 模拟式　　　　D 数字式

68. 温控器采用单片机技术,利用预埋在干式变压器三相绕组中的( )只铂热电阻来检测及显示变压器绕组的温升,能够自动启停冷却风机对绕组进行强迫风冷,并能控制超温报警及超温跳闸输出,以保证变压器运行在安全状态。

61

A 一   B 二   C 三   D 四

69. 下面(　　)不是模拟显示仪表的优点。
A 结构简单可靠   B 价格低廉
C 读数准确方便   D 可以直观地反映测量值的变化趋势

70. 下列的论述正确的是(　　)。
A pH 表示酸的浓度   B pH 越大，酸性越强
C pH 表示稀释溶液的酸碱性强弱程度   D 以上均不正确

71. 数字温度表适合安装在无(　　)、无防爆要求、无腐蚀性气体的环境。
A 强电磁波   B 强噪声   C 强振动   D 强频率

72. 当因传感器精度等外部原因引起测量的温度显示值有误差时，可进入测量值数字补偿设定状态，对测量值进行校正，补偿范围(　　)。
A －5～+5℃   B －10～+10℃
C －15～+15℃   D －19.9～+19.9℃

73. 数字温度表的输入信号种类多样但不包括(　　)。
A 电压值   B 电流值   C 温度值   D 电阻值

二、多选题

1. 传感器的输出电势与体积流量呈线性关系，而与被测介质的(　　)均无关。
A 流动   B 温度
C 压力   D 密度
E 黏度

2. 电磁流量计传感器由(　　)组成。
A 导管   B 线圈
C 电极   D 外壳
E 法兰

3. 速度式流量计：以测量流体在管道中的流速作为测量依据来计算流量的仪表有(　　)等。
A 差压式流量计   B 变面积流量计
C 电磁流量计   D 漩涡流量计
E 冲量式流量计

4. 一般的分体式电磁流量计由(　　)组成。
A 测量传感器   B 信号转换器
C 管道内的介质   D 连接电缆
E 流量计固定支架

5. 超声波流量计测量原理一般包括(　　)。
A 时差法   B 相差法
C 频差法   D 加权法
E 平均法

6. 超声波流量计安装点的选择，一般考虑(　　)。
A 满管   B 稳流

第9章 常用在线监测仪表的使用、安装与维护

C 温度 　　　　　　　　　　D 干扰
E 压力

7. 温度一次仪表安装按固定形式可分为（　　）。

A 法兰固定安装
B 螺纹连接固定安装
C 法兰和螺纹连接共同固定安装
D 简单保护套插入安装

8. 电磁流量计变送器（　　）都要接地且单独设置接地点，绝不能接在电机电气等公用地线或上下水管道上。

A 外壳 　　　　　　　　　　B 屏蔽线
C 测量导管 　　　　　　　　D 变送器两端的管道

9. 某容器的压力为1MPa。为了测量它，应选用量程为（　　）MPa的工业压力表。

A 0～1 　　　　　　　　　　B 0～1.6
C 0～2.5 　　　　　　　　　D 0～4
E 0～7

10. 压力检测仪表的安装采样点、温度采样点在同一管段上时，压力取源部件应在温度取源部件的（　　）；压力取源部件在施焊时要注意端部不能超出工艺设备或工艺管道的（　　）。

A 上游侧 　　　　　　　　　B 下游侧
C 外壁 　　　　　　　　　　D 内壁
E 中部

11. 引压管能否准确如实地传递差压信号，主要来自引压管的精确设计和正确安装。引压管尽量最短距离敷设，总长不应超（　　）m，引压管线的拐弯处应是均匀的（　　）。

A 50 　　　　　　　　　　　B 100
C 直角 　　　　　　　　　　D 圆角
E 锐角

12. 转子流量计是工业上最常用的一种（　　）计，又被称面积式流量计，它是以流体流动时的（　　）原理为基础的流量测量仪表。

A 温度 　　　　　　　　　　B 流量
C 节流 　　　　　　　　　　D 气源波动
E 流体连续性

13. 仪表安装应按照设计提供的（　　）的规定进行。

A 施工图 　　　　　　　　　B 设计变更
C 设计图 　　　　　　　　　D 电气图
E 仪表安装使用说明书

14. 遇到含有（　　）的被测介质，用普通的差压变送器可能引起连接管线的堵塞，此时需要采用法兰式差压变送器。

A 杂质 　　　　　　　　　　B 结晶
C 凝聚 　　　　　　　　　　D 易自聚

E 导电

15. 浮筒液面计安装时除保证其垂直度外，还要注重（　　）的选择与配合。
A 法兰
B 螺栓
C 垫片
D 切断阀
E 止回阀

16. 采用法兰式差压变送器可以解决（　　）的液位测量问题。
A 高黏度
B 易凝固
C 易结晶
D 腐蚀性
E 含有悬浮物介质

17. 仪表设备安装前，应当按照设计文件仔细地核对其（　　），外观应完好无损。
A 位号
B 型号
C 规格
D 材质
E 附件

18. 超声波液位仪启动后，测量值时有时无，其原因可能是（　　）。
A 接线不正确
B 液面与仪表间有障碍物
C 液面波动过大
D 仪表架存在振动现象
E 安装高度设定错误

19. 液位检测仪表安装点的选取应选在液位变化（　　），且不使检测部件受到液体（　　）的地方。
A 灵敏
B 迟钝
C 平稳
D 冲击
E 流动

20. 对于外部相对较大的液位检测仪表安装，考虑到（　　）的方便，应尽量选在保温以外的位置。
A 安装
B 维护
C 调试
D 更换
E 购买

21. 热电阻测量时显示仪表指示值比实际值低或示值不稳定，其原因可能是（　　）。
A 保护管内有金属屑、灰尘，接线柱间脏污
B 热电阻短路
C 接线端子松开
D 电热阻或引出线断路
E 附近有强电磁干扰

22. 热电阻测量时显示仪表指示无穷大，其原因可能是（　　）。
A 保护管内有金属屑、灰尘，接线柱间脏污
B 热电阻短路
C 接线端子松开
D 电热阻或引出线断路
E 附近有强电磁干扰

23. 热电阻测量时显示仪表指示负值,其原因可能是（　　）。
   A 显示仪表与热电阻接线有错　　B 热电阻短路
   C 接线端子松开　　　　　　　　D 电热阻或引出线断路
   E 附近有强电磁干扰

24. 温度检测仪表的安装位置应选取在介质温度变化（　　）和具有（　　）的地方。
   A 灵敏　　　　　　　　　　　　B 迟钝
   C 代表性　　　　　　　　　　　D 相关性
   E 相对性

25. 温度检测仪表的安装位置不宜取在阀门等（　　）的附近和介质流束呈死角处以及振动（　　）的地方。
   A 阻力部件　　　　　　　　　　B 连接
   C 脱离　　　　　　　　　　　　D 较小
   E 较大

26. 测温元件大多数安装在碳钢、不锈钢、有色金属、衬里或涂层的管道和设备上,有时也安装在（　　）等管道和设备上。
   A 砖砌体　　　　　　　　　　　B 聚氯乙烯
   C 玻璃钢　　　　　　　　　　　D 陶瓷
   E 搪瓷

27. 以下属于热电阻的检修项目的有（　　）。
   A 断线焊接　　　　　　　　　　B 短路处理
   C 绕制　　　　　　　　　　　　D 电阻检查
   E 电压检查

28. 双金属温度计在公称直径 $DN \leq$（　　）的管道或热电阻、热电偶在公称直径 $DN \geq$（　　）的管道上安装时,要加装扩大管。
   A 50　　　　　　　　　　　　　B 60
   C 70　　　　　　　　　　　　　D 80
   E 90

29. 数字温度表的功能可以与（　　）配套使用,对各种气体、液体、蒸汽和烟气的温度进行测量。
   A 热电偶　　　　　　　　　　　B 热电阻
   C 霍尔片　　　　　　　　　　　D 应变电阻
   E 弹簧管

30. 数字温度表适合安装在（　　）的环境。
   A 无强烈振动　　　　　　　　　B 无电磁波干扰
   C 无防爆要求　　　　　　　　　D 无腐蚀性气体标准
   E 高温

31. 数字温度表的最大特点之一是,输入信号种类多样：（　　）、电流和电压的标准传递信号。
   A 热电偶　　　　　　　　　　　B 热电阻

65

C 温度值 D 电阻值
E 湿度值

32. PLC 的 I/O 模块可分为（　　）（以 AB PLC 为例）。
A 开关量输入（DI） B 开关量输出（DO）
C 模拟量输入（AI） D 模拟量输出（AO）
E 电磁量（EMI）

三、判断题

（　　）1. 超声波流量计的制造成本和口径有关，在大口径流量计场合有着价格合理、安装使用方便的综合竞争优势。

（　　）2. 利用超声波测量流体的流速、流量的技术，不仅仅用于工业计量，而且也广泛地应用在医疗、海洋观测、河流等各种计量测试中。

（　　）3. 电磁流量计是利用电磁感应原理制成的流量测量仪表，可用来测量导电液体体积流量。

（　　）4. 转子流量计分为直标式、气传动与电传动三种形式。

（　　）5. 电磁流量计的变送器的地线可接在公用地线或下水管道上。

（　　）6. 转子流量计是一种非标准流量计。

（　　）7. 电磁流量计准确度等级为 0.2 级优于 0.2 级的其检定周期为 1 年。

（　　）8. 尽量避开铁磁性物体及具有强电磁场的设备，以免磁场影响传感器的工作磁场和流量信号。

（　　）9. 电磁流量计可以测量气体介质流量。

（　　）10. 传感器的输出电势与体积流量呈线性关系，而与被测介质的流动、温度、压力、密度及黏度均有关。

（　　）11. 电磁流量计是根据电磁感应原理工作的，其特点是管道内没有活动部件，压力损失很小，甚至几乎没有压力损失，反应灵敏，流量测量范围大，量程比宽，流量计的管径范围大。

（　　）12. 电磁流量计的传感器的测量管、外壳、屏蔽线都要接地。

（　　）13. 流体在单位时间内通过管道某一截面的数量称为流体的瞬时流量，简称流量。

（　　）14. 膜片压力表的优点是能根据相同的被测腐蚀介质，选取不同的膜片材料，以达到最好的耐腐蚀性。

（　　）15. 压力变送器的用途是在工业过程中对压力、流量、液位的测量和控制。

（　　）16. 压力表所测压力的最大值一般不超过仪表测量上限的 2/3。

（　　）17. 膜片压力表主要由下接体、上接体、弹性膜片、连杆、机芯、指针、表盘等组成。

（　　）18. 智能压力变送器具有智能化、模块化、抗过载三大特点。

（　　）19. 2.5 级压力表的示值误差比 1.6 级大一些。

（　　）20. 电容式压力变送器具有结构简单、体积大、动态性能好、电容相对变化大、灵敏度高等优点，因此获得广泛应用。

（　　）21. 膜片压力表用于1MPa以下具有腐蚀性的气体、液体、浆液的压力测量。

（　　）22. 电容式压力变送器具有结构简单、体积小、动态性能好、电容相对变化大、灵敏度高等优点，因此获得广泛应用。

（　　）23. 检定压力表时，标准器允许误差的绝对值应不大于被检仪表基本误差绝对值的1/4。

（　　）24. 压力表取压点的选取应选在直管段上，不能选在管路弯曲、分岔、死角的位置。

（　　）25. 测量负压是在大气压力小于绝对压力的条件下进行。

（　　）26. 压力表取压口开孔轴线必须与介质流动方向垂直。

（　　）27. 安装压力变送器的导压管应尽可能地长，弯头尽可能地少。

（　　）28. 压力检测仪表的端部（传感器）不应超出工艺设备或管段的外壁。

（　　）29. 压力是工业生产中的重要参数之一，为了保证生产正常运行，不需要对压力进行监测和控制。

（　　）30. 在压力测量中，常有绝对压力、表压力、负压力或真空度之分。

（　　）31. 物位测量仪是应用最广泛的非接触式测量方法。

（　　）32. 浮力式液位计是根据浮在液面上的浮球或浮标随液位的高低而产生上下位移，或浸于液体中的浮筒随液位变化而引起重力的变化原理而工作的。

（　　）33. 浮力式液位计结构简单，造价低，维持方便，因此在工业生产中应用广泛。

（　　）34. 差压式液位计是利用容器内的液位改变时，液柱产生的静压也相应变化的原理而工作的。

（　　）35. 采用法兰式差压变送器可以解决高黏度、易凝固、易结晶、腐蚀性、含有悬浮物介质的液位测量问题。

（　　）36. 当差压变送器与容器之间安装隔离罐时，不需要进行零点迁移。

（　　）37. 对于容器内含有杂质结晶凝聚或易自聚的被测液体及黏度较大的被测液体，不可选用毛细管式差压变送器以避免测量导管堵塞。

（　　）38. 电容式物位计是电学式物位检测方法之一，直接把物位变化量转换成电容的变化量，然后再变换成统一的标准电信号，传输给显示仪表进行指示、记录、报警或控制。

（　　）39. 安装电容式物位计时应根据现场实际情况选取合适的安装点，要避开下料口及其他料位剧烈波动或变化迟缓的地方，要做好信号线的屏蔽接地，防止干扰。

（　　）40. 声波不可以在气体、液体、固体中传播，并有一定的传播速度。

（　　）41. 声波在穿过介质时会被吸收而衰减，固体吸收最强，衰减最大；液体次之；气体吸收最少，衰减最小。

（　　）42. 仪表设备安装前，应当按照设计文件仔细地核对其位号、型号、规格、材质和附件，不需要确认外观应完好无损。

（　　）43. 差压式液位计是利用液面高度变化时，容器底部或侧面某点上的静压力也将随之变化的原理进行测量的。

（　　）44. 差压式液位计通用性强，可以用来测量液位，也可用来测量压力和流量等参数。

（　　）45. 超声波物位计传感器与罐壁距离要大于储罐直径的 1/6。

（　　）46. 温度只能通过物体随温度变化的某些特性来直接测量，而用来测量度物体温度数值的标尺叫温标。

（　　）47. 摄氏温标（℃）规定：在标准大气压下，冰的熔点为 0℃，水的沸点为 100℃，中间划分 100 等份，每等份为摄氏 1 度，符号为℃。

（　　）48. 温度测量仪表按测温方式可分为接触式和非接触式两大类。

（　　）49. 热电偶是工业上最常用的温度检测元件之一，其优点是：测量精度高，测量范围，构造简单。

（　　）50. 热电阻测温是基于液体导体的电阻值随温度的增加而增加这一特性来进行温度测量的。

（　　）51. 热电阻的常见故障是热电阻的短路和断路。

（　　）52. 温度监测系统以单片机作为中央处理单元，配合其他电路构成，以完成温度的测量、显示及相应信号输出。

（　　）53. 热电阻体的引出线等各种导线电阻的变化会给温度测量带来影响，为消除引线电阻的影响，一般采用二线制。

（　　）54. 温度一次仪表安装按固定形式可分为三种：法兰固定安装；螺纹连接固定安装；法兰和螺纹连接共同固定安装。

（　　）55. 温度二次仪表是近年来发展较快的一类显示仪表，大多数指针指示的二次表（即动圈指示仪）逐步被外形尺寸完全一致的数字显示温度表所代替，但在安装上没有多大变化。

（　　）56. 控制仪表是一种自动控制被控变量的仪表，它将测量信号与给定值比较后，对偏差信号按一定的控制规律进行运算，并将运行结果以规定的信号输出。

（　　）57. SC200 通用型数字控制器多用于市政污水、自来水、污染源、地表水、工业过程水和废水等的监测。

（　　）58. 对控制器进行电源接线。将所有电线插入相应的端子，直到对连接器绝缘且裸线暴露在外为止。

（　　）59. 工作时，控制器显示传感器测量值和其他数据，可传输模拟和数字信号，并可通过输出和继电器与其他设备相互作用及控制其他设备。

（　　）60. 使用非屏蔽电缆可能会导致射频发射或磁化级别高于所允许的范围。

（　　）61. HACH SC200 通用型数字控制器可单独使用，不可同时连接数字和模拟传感器，还可与 pH、电导率、溶解氧和流量传感器一起使用。

（　　）62. 在工业生产中，不仅需要测量出生产过程中各个参数量的大小，而且还要求把这些测量值进行指示、记录，或用字符、数字、图像等显示出来。

（　　）63. 如果数字传感器连接到带数字终端盒、用户提供的接线盒、数字延长电缆或用户提供的延长电缆的控制器，则将传感器直接连接到控制器并执行设备扫描。

（　　）64. 不需要用导管开口密封塞密封所有控制器上不使用的开口。

（　　）65. 仪表工作接地的作用是保证仪表精确、可靠地工作。

（　　）66. 使用钳形电流表时，可选择最高挡位，然后再根据读数逐次切换。

（　　）67. 由于供水企业的生产要求连续稳定，所以生产设备只允许在最优的性能和参数下运行。

（　　）68. 存在重大事故隐患的企业，应立即采取相应的整改措施，难以立即整改的，应采取防范、监控措施。

四、问答题

1. 体积流量、质量流量、瞬时流量、累计流量的含义各是什么？
2. 简述差压式流量计测量液体流量的安装要求。
3. 电容式压力变送器具有哪些优点？
4. 压力取源部件安装必须符合哪些条件？
5. 物位测量的主要目的有哪些？
6. 差压式液位计的特点有哪些？
7. 热电偶温度计的结构形式有哪些？
8. 热电偶测温时为什么不适合测量低温？
9. 热电阻测温时，为什么采用三线制接法？
10. 显示仪表与控制仪表的定义是什么？

第10章 在线水质监测仪表使用、安装与维护

一、单选题

1. 维护人员发现浊度仪灯泡光源明显减弱，应（　　）。
   A 及时更换灯泡
   B 继续使用，直至灯泡不再发光
   C 调整显示仪表传输量程
   D 调整试样进口的水压

2. 下列选项中，仪表维护人员可将（　　）作为在线式浊度仪的更换备件。
   A 比色池　　　　B 蠕动泵　　　　C 灯泡　　　　D 加热槽

3. 维护人员将在线式浊度仪的传感器从测量桶中取出，检查光源情况，再将传感器放回测量桶中，由于操作过程中传感器接触了自然光，测量示数将（　　）。
   A 从高值向实际值递减，逐步趋于稳定
   B 从低值向实际值增加，逐步趋于稳定
   C 显示最大值
   D 显示最小值

4. 在线式浊度仪运行正常时，如果仪表显示示数超量程，应优先采用（　　）处理。
   A 调整测量量程　　　　　　　　B 调整试样进口的水压
   C 检查样水水质　　　　　　　　D 操作显示仪表重新扫描传感器

5. 浊度仪采用散射法原理时，光源发出的光被水中的颗粒物散射，光线接收元件将检测与入射光呈（　　）方向的散射光。
   A 0°　　　　B 90°　　　　C 180°　　　　D 270°

6. 在线式浊度仪正常运行时，水样稳定流入仪表中，将管道和仪表本体完全润湿，最终从仪表的（　　）流出。
   A 试样进口　　　B 试样排水口　　　C 维修排水口　　　D 气泡捕集器

7. 浊度仪采用散射法原理时，通常把来自于传感器头部总成的一束平行强光，引导向下进入浊度仪本体中的试样，光线被试样中的悬浮颗粒散射，散射光的量（　　）于试样的浊度。
   A 正比　　　　B 反比　　　　C 等于　　　　D 大于

8. 浊度仪在显示仪表上的示数与远传示数不一致，且呈现倍数关系，则应（　　）。
   A 调整信号传输量程
   B 传感器漏光严重，将传感器放入测量桶中
   C 检查样水清洁度
   D 在显示仪表上重新扫描传感器

9. 水体中可利用余氯在 pH 介于( )时会将 DPD 指示剂氧化成紫红色化合物。
   A 6~6.3　　　　B 6.3~6.6　　　　C 6.6~7　　　　D 7~7.3
10. 下列选项中，( )不能作为余氯仪的更换备件。
    A 搅拌棒　　　　B 过滤网　　　　C 滴定泵　　　　D 管路
11. 下列选项中，( )不是余氯仪日常维护的部件。
    A 管路　　　　B 加热槽　　　　C 色度计　　　　D 试剂
12. 将氯投入水中，经过一定时间接触后，仪表测量的余氯为( )。
    A 游离性氯　　　　　　　　　　　B 结合性氯
    C 游离性氯与结合性氯的总称　　　D 次氯酸
13. 在线式余氯仪处于工作状态时，搅拌棒起到混合搅拌的作用，其位置处于( )。
    A 管路中　　　　　　　　　　　　B 色度计中
    C 缓冲试剂瓶中　　　　　　　　　D 指示试剂瓶中
14. pH 检测仪在长时间使用后，表面常常会存在碎屑和沉淀物，如果用肥皂水清洗后仍有碎屑，一般可将传感器的测量端浸入( )中，时间不超过 5min。
    A 纯净水　　　　　　　　　　　　B 稀酸溶液
    C 自来水　　　　　　　　　　　　D 标准溶液
15. 采用水杨酸比色法的氨氮在线仪表，在使用水杨酸法测量时，由于催化剂的催化作用，使铵根离子在 pH＝12.6 的碱性介质中，与次氯酸根离子和水杨酸盐离子反应，生成靛酚化合物，并呈现出( )。
    A 黄色　　　　　　B 绿色　　　　　C 白色　　　　　D 无色
16. 氨氮在线分析仪清洗溶液的成分通常为( )。
    A 浓硫酸　　　　B 稀盐酸　　　　C 纯净水　　　　D 高锰酸钾
17. 氨氮在线分析仪采用两点校准方法时，其管路连接的标准溶液用于( )。
    A 标准点校准　　B 零点校准　　　C 清洗管路　　　D 清洗溢流瓶
18. COD 在线分析仪在校准前，校准溶液要经过仪表过滤器过滤，以保证校准的准确性，其中过滤器内的主要物质为( )。
    A 细沙　　　　　B 海绵　　　　　C 活性炭　　　　D 硅油
19. 下列选项中，( )是使用高锰酸钾氧化法原理制成的 COD 在线分析仪的更换备件。
    A 蠕动泵　　　　B 灯泡　　　　　C 参比电极　　　D 搅拌棒
20. 高锰酸钾指数常作为水体受有机物污染程度的综合指标。使用高锰酸钾氧化法制成的 COD 在线分析仪，测量时在水样加入硫酸使呈酸性后，加入一定量的高锰酸钾溶液，并在沸水浴中加热反应一段时间。剩余的高锰酸钾加入过量草酸钠溶液还原，再用( )溶液回滴过量的草酸钠，通过计算求出高锰酸盐指数。
    A 硫酸　　　　　B 高锰酸钾　　　C 标准溶液　　　D 零点标液
21. 使用高锰酸钾氧化法原理制成的 COD 在线分析仪在测量时，( )需要浸泡在装有电极液的储液罐中。
    A 测量电极（铂金）　　　　　　　B 反应槽

71

C 参比电极 D 过滤器

22. 在线式余氯仪采用模拟量信号输出时,其输出电流为( )mA。
A 0~15 B 0~20 C 4~15 D 4~20

23. 在线式余氯仪色度计的测量室会积累沉积物或在室壁内侧形成一层薄膜。一般情况下,至少( )使用酸溶液和棉花签进行清洗。根据样品状况,若有必要,清洗的时间间隔可以缩短。
A 每月 B 每季度 C 每半年 D 每年

24. pH检测仪除校准传感器外,还可通过( )校准来提高测量精度。
A 湿度 B 温度 C 信号 D 频率

25. 荧光法溶解氧分析仪的传感器组成一般包括( )、温度传感器、传感器主体、连接线缆、连接器。
A 阀体 B 传感器盖帽 C 样品泵 D 比色池

26. 荧光法溶解氧分析仪本身具有较高的精度和稳定性,采用( )校准是最为准确的方法。
A 零点 B 标准点 C 空气 D 两点

27. 仪表试剂应在保质期内使用,当更换试剂时,维护人员需穿着防护衣物及装备,防止试剂对人身造成危害,更换试剂前需( )试剂容器。
A 校准 B 清洗 C 干燥 D 润洗

28. 在线仪表的维护一般在( )状态下进行,以保证维护人员的安全。维护人员在维护前应与中控室监测人员联系。
A 正常运行 B 校准 C 停机 D 报警

29. 关于采用散射法制成的在线式浊度仪,下列叙述错误的是( )。
A 在外壳关闭严密的情况下,用抹布擦洗控制器的外部
B 在进行标准校验或校正之前去除光电池窗口上的任何有机物生长物或薄膜
C 在持续使用后,浊度仪本体内部可能会聚积沉淀物
D 在每次进行校正应进行浊度仪排液和清洗

30. 关于采用散射法制成的在线式浊度仪维护清洗内容,不包括( )。
A 清洗传感器电源连接头 B 清洗光电池窗口
C 清洗气泡捕集器 D 清洗本体

31. 关于在线式余氯仪使用及维护,叙述错误的是( )。
A 搅拌棒应靠在色度计垂直内腔的底部
B 如果有气泡会贴在样品室壁,会导致读数不稳定
C 维护人员更换试剂前无需做防护措施
D 缓冲溶液用于确定游离态可利用余氯

32. 关于pH检测仪使用及维护,叙述错误的是( )。
A pH检测仪传感器旨在配合控制器使用,用于数据收集和操作
B pH检测仪传感器特性随着时间缓慢转变,并导致传感器丧失准确性
C 仪器出厂时已经校准为精确的温度测量值,校准温度可以提高精度
D 将传感器连接到控制器模块时无需断开仪器的电源

33. 关于荧光法溶解氧分析仪使用及维护，叙述错误的是（　　）。
A　测量探头最前端的传感器罩上覆盖有一层荧光物质
B　校准前，从水中取出探头，用湿布擦拭以除去碎屑及滋长的生物
C　仪表在校准时将会产生一个对仪器的偏移量校正，标液校准是最为准确的方法
D　使用空气校准程序需人为参与

34. 关于使用高锰酸钾氧化法原理制成的COD在线分析仪，下列叙述错误的是（　　）。
A　仪表试剂中包括浓硫酸溶液，维护时应提前穿戴防护用具
B　滴定泵的作用包括去除高锰酸钾溶液的气泡，防止其干扰测量精度
C　测量时测量电极（铂金）与参比电极配合使用，进而计算出测量值
D　对于浊度较高的水样，应定期清洗仪表的水样收集装置

二、多选题

1. 在线式浊度仪（散射法）校准失败时，可排查（　　）。
A　灯泡亮度　　　　　　　　B　传感器是否老化
C　标液是否过期　　　　　　D　操作面板是否失灵
E　检测样品水压

2. 在线式浊度仪（散射法）的传感器在初次使用前和每次校正前，（　　）和（　　）必须彻底清洗和冲洗。
A　仪器外壳　　　　　　　　B　浊度仪本体
C　显示仪表　　　　　　　　D　气泡捕集器
E　灯泡

3. 在线式余氯仪的反应试剂包括（　　）。
A　缓冲溶液　　　　　　　　B　指示剂
C　零点标液　　　　　　　　D　标准溶液
E　高锰酸钾

4. 在线式余氯仪测量后显示读数为零，其原因可能是（　　）。
A　未加搅拌棒　　　　　　　B　加入超过一个搅拌棒
C　样品未流入仪器　　　　　D　样品管路堵塞
E　按键失灵

5. 在线式余氯仪测量时发现样品从色度计中溢出，其原因可能是（　　）。
A　排液管路堵塞　　　　　　B　仪表未处于工作状态
C　排液管路出现气封　　　　D　未加搅拌棒
E　样品水压过低

6. pH的校准类型一般包括（　　）。
A　1点缓冲法　　　　　　　B　2点缓冲法
C　4点缓冲法　　　　　　　D　1点样品法
E　2点样品法

7. 关于氨氮在线分析仪（水杨酸法）的维护事宜，下列选项说法错误的是（　　）。

A 仪表对水质的要求不高，样品中含有泥沙不会影响仪表测量

B 如果试剂需要制备，维护人员应在维护时间表上做记录

C 试剂储存为对温度有一定的需求，应妥善储存

D 采用蠕动泵的管路可定期涂抹硅油

E 仪表更换试剂后，无需维护，可直接投入使用

8. 氨氮在线分析仪（水杨酸法）在测量时，搅拌容器可以快速、彻底地混合(　　)。

A 水样　　　　　　　　　　　　B 清洗试剂

C 试剂　　　　　　　　　　　　D 标准溶液

E 零点标液

9. 如果氨氮在线分析仪（水杨酸法）在校准时报错，造成故障的原因可能是(　　)。

A 试剂气泡过多　　　　　　　　B 制备试剂后未充分混合

C 校准标液过期　　　　　　　　D 管路气密性被破坏

E 水样压力过低

10. COD在线分析仪（高锰酸钾法）的试剂包括(　　)。

A 高锰酸钾　　　　　　　　　　B 硫酸

C 氯化钾　　　　　　　　　　　D 草酸钠

E 硫酸钾

11. 更换在线式浊度仪（散射法）灯泡的步骤包括(　　)。

A 拔下连接器接头，切断浊度仪仪表的电源，断开灯泡引线

B 等待灯泡已经冷却

C 戴上棉布手套保护双手并避免把手印留在灯泡上

D 抓住灯泡并逆时针方向旋转灯泡，轻轻地向外拽，直到它离开灯口

E 通过灯口内的孔拉出灯泡引线和连接器

12. 在线式浊度仪（散射法）本体中有关试样进出的部位包括(　　)。

A 试样进口　　　　　　　　　　B 试样排水口

C 试样溢流口　　　　　　　　　D 维修进水口

E 维修排水口

13. 对于在线式浊度仪（散射法）的定期维护内容包括(　　)。

A 校正传感器　　　　　　　　　B 清洗光电池窗口

C 清洗气泡捕集器　　　　　　　D 清洗本体

E 清洗灯泡表面

14. 关于pH检测仪传感器维护叙述正确的是(　　)。

A 定期检查传感器是否存在碎屑和沉淀物

B 当形成沉淀物或仪表性能降低时，清洗传感器

C 维护时使用干净的软布清除传感器端壁上的碎屑，使用干净的温水冲洗传感器

D 初步清理后，将传感器浸入肥皂溶液中2~3min，使用软毛刷刷洗传感器的整个测量端

E 如果刷洗后仍有碎屑，将传感器的测量端浸入稀酸溶液中，浸泡时间不超过5min

15. 氨氮在线分析仪（水杨酸法）的硬件部分，由溢流瓶、捏阀、(　　)、管路和试

剂组成。
A 样品泵　　　　　　　　　　B 试剂泵
C 混合室　　　　　　　　　　D 光度计
E 加热槽

16. COD在线分析仪（高锰酸钾法）的工作流程包括（　　）。
A 水样润洗　　　　　　　　　B 反应
C 测量　　　　　　　　　　　D 排放废液
E 洗涤各容器

17. COD在线分析仪（高锰酸钾法）必须进行校准的情况包括（　　）。
A 初次运行设备
B 水样断流无法进入设备而引发报警
C 更换试剂后
D 活性炭过滤器维护后
E 设备重启后

三、判断题

（　　）1. 用赤裸的双手触摸浊度仪的灯泡不会对其后续使用造成影响。

（　　）2. 浊度仪适合测量低量程的水样，且水样中的悬浮物不会影响测量。

（　　）3. 经常清洗浊度仪光电管窗口以及本体，在进行校正前应用去离子水冲洗并用一块柔软不起毛的布将其擦干。

（　　）4. 在质保期内的浊度仪校准标准溶液是可重复利用的。

（　　）5. 浊度仪的在显示仪表上的示数波动过大，应及时查看水质情况。

（　　）6. 浊度仪的维修排水口应保持有水流流出。

（　　）7. 如果发现浊度仪灯泡的光源减弱明显，应及时更换灯泡。

（　　）8. 余氯仪缓冲溶液即可用于测量余氯也可用于测量总氯。

（　　）9. 可利用的总氯可通过在反应中投加碘化钾来确定。样品中的氯胺将碘化物氧化成碘，并与可利用的余氯共同将DPD指示剂氧化，氧化物在pH为5.1时呈紫红色。

（　　）10. 余氯仪测量时发现读数偏低，可能是管道阻塞原因所导致。

（　　）11. 如果余氯仪的样品从色度计中溢出，维护人员可通过清洗排液管路的方法解决问题。

（　　）12. 浊水中的氨氮可以在一定条件下转化成亚硝酸盐，如果长期饮用，水中的亚硝酸盐将和蛋白质结合形成亚硝胺，这是一种强致癌物质，对人体健康极为不利。

（　　）13. 对余氯仪进行维护时，如果发现搅拌棒明显失去磁力，应及时更换。

（　　）14. 余氯仪使用时应根据实际水质情况，定期检查水样进口管线及溢流口，保证使用中不出现断水现象。

（　　）15. 余氯仪色度计经常有水样和试剂流入，通常状态下可免维护。

（　　）16. pH检测仪的校准方法一般使用两点校准法或三点校准法。

（　　）17. pH检测仪传感器特性会随着时间缓慢转变，并导致传感器丧失准确性。传感器必须定期校准以保持测量的准确性。

(　　) 18. 酸性水溶液中，pH<7。pH越小，表示酸性越弱。

(　　) 19. 在进水管线上安装节流装置可用来控制进入浊度仪的流量。流量过低将减少响应时间并造成不正确的读数，流量过高将使浊度仪发生溢流。

(　　) 20. 如果在线式浊度仪的控制器显示传感器丢失，则应检查传感器是否连接好，然后重新扫描传感器。

(　　) 21. 维护浊度仪时，清洗传感器与校准传感器的频次要保持一致。

(　　) 22. COD在线分析仪的零点标液用完，可用纯净的自来水代替。

(　　) 23. 初次运行的浊度仪，在打开试样供应阀启动试样流过仪表，使管道和仪表本体被完全湿润后，即可读取到稳定的示数。

(　　) 24. 在浊度仪校准前，开启标准溶液瓶子之前先轻轻地倒置瓶子1min。不要摇动。这样能确保标准溶液有一个恒定的浊度。

(　　) 25. 浊度仪传感器一般就近安装在控制器附近。把浊度仪布置在尽量接近取样点的位置，试样通过较短距离会产生较快的响应时间。

(　　) 26. 仪表为保证实时取样，一般设有试样的收集装置及溢流管，维护人员可定期清洗去除底部泥沙。

(　　) 27. 样品经过余氯仪配套的处理装置进行预调节，通过调节球阀设置流量。当阀的调节手柄垂直阀体时阀门为全闭状态，平行时为全开状态。

(　　) 28. 荧光法溶解氧分析仪测量探头最前端的传感器罩上覆盖有一层荧光物质，LED光源发出的蓝光照射到荧光物质上，荧光物质被激发，并发出红光。传感器周围的氧气越多，荧光物质发射红光的时间就越短。由此，计算出溶解氧的浓度。

(　　) 29. 荧光法溶解氧分析仪在校准时，应在阳光下充分与空气接触，以保证校准的精度。

(　　) 30. 浊度仪灯泡维护时，维护人员应戴上棉布手套或用一张纸巾抓住浊度仪灯泡以避免污染灯泡。如果发生了污染，使用异丙醇擦拭玻璃泡部分。

四、问答题

1. 简述浊度仪的灯泡更换步骤。（以哈希1720E浊度仪为例）

2. 如何安装余氯仪的搅拌棒？（以哈希CL17余氯仪为例）

3. 简述维护pH检测仪时清洗传感器的步骤。

准备：准备温和的肥皂溶液与不含羊毛脂、无磨蚀成分的餐具洗涤剂。

4. 氨氮分析仪正常运行时，仪表下方的冰箱内存储有哪些试剂？（以哈希inter2氨氮在线分析仪为例）

5. COD在线分析仪正常运行时箱内包括哪些试剂？（以哈希COD 203A在线分析仪为例）

第11章 执行器与其他类型仪表

一、单选题

1. 执行器由（   ）和（   ）两部分组成，它在自动化控制系统中的作用是接受来自调节器或计算机（DCS、PLC等）发出的信号，把被调节参数控制在所要求的范围内，从而达到生产过程自动化。
   A 执行机构，调节机构　　　　　B 电动机，反馈电路
   C 减速传动机构，伺服放大器　　D 功率放大器，信号比较器

2. 气动执行器：以压缩空气作为能源，标准气压信号为（   ）MPa。其特点是结构简单、动作可靠、平稳输出、推力较大、维修方便、防火防爆且价格低。
   A 0.01~0.05　　B 0.02~0.05　　C 0.01~0.1　　D 0.02~0.1

3. 电动执行机构接收由控制系统通常发送的（   ）mA操纵信号，控制内部电动机的正、反转。
   A 0~15　　B 0~20　　C 4~15　　D 4~20

4. 电动执行器的伺服放大器一般采用（   ）V交流电源，将控制器送来的和位置反馈电路送来的信号相比较，将偏差放大后触发正或反转可控硅电路，输出足够功率的电流以驱动电机转动。
   A 36　　B 110　　C 220　　D 380

5. 关于执行器执行机构的选择，如果调节机构是直行程类的，就应选用（   ）执行机构。
   A 活塞　　B 薄膜　　C 角行程　　D 直行程

6. 根据调节阀流量特性选择的基本准则，若被控对象为线性时，调节阀可采用（   ）。
   A 等百分比（对数）流量特性　　B 直线工作特性
   C 抛物线特性　　　　　　　　　D 快开特性

7. 气体检测仪是一种气体泄漏（   ）检测的仪器仪表工具。
   A 百分比　　B 强度　　C 浓度　　D 灵敏度

8. 若气体检测仪的传感器窗口堵塞或滤水膜被沾污，可能会导致气体读数（   ）实际气体浓度。
   A 低于　　B 高于　　C 等于　　D 固定在

9. 当气体读数骤然超过检测范围（   ）后又（   ）或是读数不稳定，则可能表示出现了被测气体浓度超出爆炸上限的危险情况。
   A 上限，上升　　B 上限，下降　　C 下限，上升　　D 下限，下降

10. 颗粒计数器按照使用方式有多种分类，其中（   ）结构小巧，系统实时监控，具

77

有不可替代的发展前景。

A 台式（实验室）颗粒计数器　　B 便携式颗粒计数器
C 在线式颗粒计数器　　　　　　D 数字式颗粒计数器

11. 现在的颗粒计数器大多数采用（　　）光源，可很好地聚焦，均匀性好，检测下限度达到 $1\mu m$，可满足目前大多数液体颗粒检测国际、国内标准的要求。

A 白炽光　　　B 热辐射光　　　C 激光　　　D 气体放电光

12. 颗粒计数器设定模拟输出信号的第一步是决定适当的计数周期，对原水或过滤后的进水水样来说，可设定一个周期为（　　）之间。

A 0～5s　　　B 6～15s　　　C 1～5min　　　D 5～10min

13. 在安装颗粒计数器管路时，要安装一个分流管头和一个（　　），用以保证实时的水样。

A 泄压阀　　　B 分压阀　　　C 截流阀　　　D 排水阀

14. 在日常使用电导率仪时，被测水样越纯净，电导率越（　　），电阻率越（　　）。

A 低，低　　　B 低，高　　　C 高，低　　　D 高，高

15. 电导率仪的传感器特性随着时间缓慢转变，并导致传感器丧失准确性。传感器必须定期校准以保持准确性。电导率传感器常用湿校准法校准，在空气中进行（　　），配合参考溶液或过程试样定义校准曲线。

A 1点校准　　　B 2点校准　　　C 零点校准　　　D 标准点校准

16. 使用参考溶液校准电导率仪时，应将传感器放入参考溶液中，等待传感器与溶液（　　）相等后，操作相关校准程序。

A 浊度　　　B 温度　　　C pH　　　D 电阻率

17. 关于电导率仪说法，错误的是（　　）。

A 电导率仪一般使用传感器探头与控制器配合使用
B 传感器特性随着时间缓慢转变，并导致传感器丧失准确性
C 电导率是用来描述物质中电荷流动难易程度的参数，电导率的测量与仪表所处温度无关
D 仪表校准失败表明校准斜率或偏差超出接受的限值，需用新的参考溶液重复校准

18. 关于颗粒计数器说法，错误的是（　　）。

A 光源采用白炽光强度低，均匀性不好，只能够检测出 $5\mu m$ 以上颗粒
B 颗粒计数传感器只能用于清水的测量
C 颗粒计数传感器模型通常由一个传感器和一个电源组成
D 颗粒计数传感器的模拟量一般输入为 4～20mA

19. 关于便携式气体检测仪说法，错误的是（　　）。

A 当检测结果超出预先设置的报警设定值，仪器便以声、光及振动报警提醒
B 便携式气体检测仪一般采用电化学式
C 气体检测仪主要利用温度传感器来检测环境中存在的气体种类，温度传感器是用来检测气体的成分和含量的传感器
D 便携式气体检测仪通常会分别设定低浓度报警与高浓度报警

20. 关于电动执行器说法，错误的是（　　）。

A 电动执行器操纵信号功率小,不能驱动电机转动,所以要配备功率放大器构成一个以行程为被控参数的自动控制系统
B 一般由信号比较和功率放大两部分集中构成伺服放大器
C 电动执行器的伺服放大器一般采用380V交流电源
D 上阀盖的作用非常重要,它不仅对阀杆导向,而且起密封作用

二、多选题

1. 按所使用的能源不同,执行机构可以分为( )、( )、( )等不同种类。
   A 气动　　　　　　　　　　　　B 液动
   C 电动　　　　　　　　　　　　D 热动
   E 压动

2. 常见的直行程类调节机构为( )。
   A 直通双座调节阀　　　　　　　B 角形调节阀
   C 隔膜调节阀　　　　　　　　　D 蝶阀
   E 球阀

3. 选择执行器的调节机构一般考量( )。
   A 结构形式和材质　　　　　　　B 泄漏量
   C 流量特性　　　　　　　　　　D 额定流量系数及口径
   E 调节阀气开、气关形式

4. 气体检测仪根据性质及所检测气体种类的不同,具有多种工作原理,其中包括( )。
   A 半导体式　　　　　　　　　　B 燃烧式
   C 热导池式　　　　　　　　　　D 电化学式
   E 红外线式

5. 被测环境中,相当一部分的可燃性的、有毒有害气体都有电化学活性,可以被电化学氧化或者还原,利用这些反应,我们可以( )。
   A 对设备进行校准　　　　　　　B 分辨气体成分
   C 分析空气质量　　　　　　　　D 检测气体浓度
   E 排除任何测量干扰

6. 颗粒计数传感器有一组可替换的取样单元。如果( ),或( ),该取样单元应当被更换,从而使校对测量不受到影响。
   A 单元受损　　　　　　　　　　B 单元模块断电
   C 表面有油渍　　　　　　　　　D 表面覆盖有不能被清洗液去掉的物质
   E 信号丢失

7. 为了确保流体在重力作用下注入传感器,标准水溢流控制器必须安装在颗粒计数器的( ),( )水上部溢流。
   A 顶部　　　　　　　　　　　　B 中部
   C 底部　　　　　　　　　　　　D 低于
   E 高于

79

8. 关于电导率仪维护事宜说法，正确的是（　　）。
A　使用干净的软布清除传感器端壁上的碎屑，使用干净的温水冲洗传感器
B　将传感器浸入肥皂溶液中 2～3min
C　使用软毛刷刷洗传感器的整个测量端
D　用水冲洗传感器，然后将传感器放回肥皂溶液中 2～3min
E　使用干净水冲洗传感器

9. 颗粒计数器的指示界面包括（　　）。
A　电源指示灯　　　　　　　　　　B　计数指示灯
C　警报指示灯　　　　　　　　　　D　清洁探头指示灯
E　计数显示指示灯

10. 便携式仪器提供可自行设置的（　　）。
A　低浓度报警　　　　　　　　　　B　高浓度报警
C　短期暴露量极限　　　　　　　　D　平均暴露量极限
E　声光报警

三、判断题

（　　）1. 执行机构中的低速同步电动机按照伺服放大器输出的驱动电流产生相应的正、反转。传动机构把电机转子的转动转换成推杆的直行程或角行程，同时减速以增大力矩。

（　　）2. 按阀芯动作的方式不同，可将调节机构分成直行程和角行程两大类。阀杆带动阀芯沿直线运动的调节机构属于直行程类。阀芯是转角运动的调节机构属于角行程类。

（　　）3. 便携式气体检测仪只能设定高浓度报警。当检测结果超出预先设置的报警设定值，仪器便以声、光及振动报警提醒。

（　　）4. 气体传感器是用来检测气体的成分和百分比的传感器。

（　　）5. 仪器具有快速校准功能，只要使用一个含有混合气体的气瓶就可同时给所有传感器校准。使用快速校准功能，可一次性完成仪器的校准。

（　　）6. 颗粒计数器的传感器单元材质比刷子的刷毛要软，因此，维护时不能用清洗刷来清洁传感器。

（　　）7. 颗粒计数器在监测未处理的水时，传感器大约每隔三个月要进行一次管件更换。

（　　）8. 电导率仪校准过程中，通常会持续发送数据到数据记录设备，保证数据记录的完整性。

（　　）9. 流体从一端进从另两端出的称为合流三通阀；从两端进从另一端出的又称为分流三通阀。

（　　）10. 蝶阀又称翻板阀，其结构简单、重量轻、价格便宜、流阻极小，但泄漏量大。

（　　）11. 执行器调节机构的泄漏量定义为：在全关位置已施加一定的关闭力时，流体在一定压力、压差下流过阀的流量。一般按相对于额定流量系数的百分比、将泄漏指

标划分为 10 级。

（   ）12. 球阀的阀芯与阀体都呈球形，适于含颗粒流体的控制。转动阀芯使之与阀体相对位置不同，流通面积就不同，以达到流量控制的目的。

（   ）13. 气体检测仪的平均暴露量极限表示为 STEL。

（   ）14. 颗粒计数器的控制面板可以对诊断灯和粒子数进行快速简便地显示。

（   ）15. 如果用毛刷刷洗过电导率后仍有碎屑，可以将传感器的测量端浸入稀酸溶液中，时间不超过 5min。

（   ）16. 颗粒计数器利用遮光式传感器基于颗粒对光遮挡导致的光强减弱这一光学原理制成，其主要由光源，聚焦系统，传感器探测区，光敏接收管和信号放大电路组成。当颗粒物质通过探测区光束时，会产生遮挡消光现象，光敏接收管接收到的光强减弱，信号放大电路会输出一个与光强变化呈正比的电脉冲，电信号的大小直接反映了颗粒投影面积的大小，也就反映了颗粒尺寸的大小。

（   ）17. 在安装好颗粒计数器所有管路后，打开管头上的截止阀并检查有否渗透，通常调整溢流堰的流速为 100mL/min。

四、问答题

1. 选择执行器的调节机构考量的内容包括哪些？
2. 简述维护电导率仪时清洗传感器的步骤。（以哈希 3700 无极式电导率仪为例）准备：温和的肥皂溶液、温水及餐具洗涤剂、硼砂洗手液或类似的脂肪酸盐。
3. 便携式仪器可自行设置哪些报警功能？（以 AS8903 二合一气体检测仪为例）
4. 简述颗粒计数器的原理。

第12章 PLC控制系统软硬件操作

一、单选题

1. 为保证现场设备的正常运行，设备自控程序中的自动程序与手动程序需要（　　）。
   A 保持　　　　　　B 联动　　　　　　C 互锁　　　　　　D 自锁
2. （　　）控制是取水口一级泵房的主要控制内容。
   A 格栅　　　　　　B 吸水井　　　　　C 水泵　　　　　　D 阀门
3. 加氯间的控制就是对氯气的自动投加控制，流量比例前馈控制是指（　　）。
   A 按照投加以后水中的余氯进行反馈控制
   B 即按照水流量和余氯进行的复合控制，或双重余氯串级控制等
   C 控制投加量与水流量成一定比例
   D 以pH值和氧化还原电势为参数进行控制等
4. 沉淀池的控制内容包括排泥控制，要求可以根据（　　）的高低自动启动吸泥机，也可以定时自动启动。
   A 液位　　　　　　B 泥位　　　　　　C 浊度　　　　　　D 流量
5. 取水口水泵的供水压力要随着净水厂的处理能力的变化而改变。如果用户用水量减小，清水池的蓄水量增大，就可能需要降低生产量，取水口也应随着（　　）供水量，即要（　　）水泵转速。
   A 增加，调高　　　B 增加，调低　　　C 减小，调高　　　D 减小，调低
6. PLC硬件主要故障不包括（　　）。
   A 主机系统故障　　　　　　　　　　B PLC的I/O端口故障
   C 组态软件故障　　　　　　　　　　D 现场控制设备故障
7. PLC控制的现场传感器和仪表出现故障，在控制系统中一般反映在（　　）的不正常。
   A 触点　　　　　　B 极限位置　　　　C 信号　　　　　　D 噪声
8. 人机界面产品由硬件和软件两部分组成，硬件中（　　）的性能决定了HMI产品的性能高低，是HMI的核心单元。
   A 处理器　　　　　B 显示单元　　　　C 输入单元　　　　D 通信接口
9. 数据库的功能中，（　　）是数据库最基本的应用。
   A 数据管理　　　　B 数据预测　　　　C 数据分析　　　　D 数据查询
10. 控制界面的权限等级中，（　　）可以对所有数据库对象进行查询、修改和维护。
    A 系统管理员级　　B 值班长级　　　　C 值班工级　　　　D 操作员级
11. 对于水厂自控系统这种大数据量、24h运行、控制实时性要求高的数据库系统，应做好数据库的（　　）。

A 数据录入　　　　B 数据备份　　　　C 数据运算　　　　D 数据反馈

12. 对水厂来说，（　　）主要包括设备运行数据（如电流、电压、压力）、生产工况数据（如开关状态、水位、流量、水质参数、滤池过滤时间）。

A 常规控制数据　　B 常规管理数据　　C 常规预测数据　　D 常规维护数据

二、多选题

1. 当前水厂采用最多的控制系统是 IPC+PLC 系统，该系统是由（　　）和（　　）组成的分布控制系统。

A 单片机　　　　　　　　　　　B 工业计算机
C 控制器　　　　　　　　　　　D 储存器
E 可编程序控制器

2. 加氯间的控制就是对氯气的自动投加控制，按常规控制系统的形式可以划分为（　　）。

A 流量比例前馈控制　　　　　　B 余氯反馈控制
C 复合闭环控制　　　　　　　　D 臭氧反馈控制
E 浊度反馈方式

3. 滤池控制系统一般由（　　）组成。

A 受控设备　　　　　　　　　　B 电气执行机构
C 控制器　　　　　　　　　　　D 上位机
E 反冲洗系统

4. 自控系统串行通信通常可分为（　　）。

A 单工　　　　　　　　　　　　B 1/4 双工
C 半双工　　　　　　　　　　　D 3/4 双工
E 全双工

5. PLC 进行系统调试时的条件包括（　　）。

A 现场执行机构和检测仪表已安装调试合格
B 仪表电缆及接地线已全部敷设，其接线、导通、绝缘试验合格
C 仪表配管全部完成
D 电器专业已调试合格，与电器专业的交接面已具备接受和输出信号的条件
E 各种工艺参数的整定均已确认

6. PLC 现场控制设备的故障包括（　　）。

A 继电器故障　　　　　　　　　B 阀门故障
C 开关故障　　　　　　　　　　D 接触器故障
E 传感器故障

7. PLC 组态软件的特点包括实时多任务，即在同一台计算机上同时执行多个任务，其中包括（　　）。

A 数据采集与输出　　　　　　　B 数据处理与算法实现
C 图形显示及人机对话　　　　　D 存储、搜索管理
E 实时通信

8. HMI 系统具备的基本功能包括（　　）。
A 实时的资料趋势显示　　　　　B 自动记录资料
C 历史资料趋势显示　　　　　　D 报表的产生与打印
E 警报的产生与记录

三、判断题

（　　）1. HMI 的接口种类很多，有 RS232、RS485、RJ45 等网线接口。

（　　）2. 调试 PLC 冗余模块时，人为地模拟故障，观察模件能否在规定的时间内投入运行，并注意观察 PLC 的自动切换功能是否正常。

（　　）3. PLC 组态软件指一些数据处理与过程控制的专用软件。

（　　）4. HMI 代表人机接口，也叫作人机界面。

（　　）5. PLC 通电前检查包括核对全部电源线、信号线、同轴电缆等连接无误。电缆、导线绝缘电阻符合要求。各接地系统的接地电阻符合设计要求。

（　　）6. 基于 Web 的工业现场数据发布系统提供了反映工业生产现场的实时数据，比如传感器、现场仪表、生产设备、PLC 等控制器的现场数据。

（　　）7. PLC 主机故障包括通信网络故障，其受外部干扰的可能性小，外部环境是造成通信外部设备故障的最大因素之一。

（　　）8. 数据库的功能包括定时自动生成电子报表，自动在记事栏中填写重要生产事件，自动班结、日结。电子报表还能自动判别并提示报表中超过正常值的数据，数据修正后，能自动消除提示。

（　　）9. PLC 通电检查内容包括主机、操作台、机柜的风扇处于运行状态；I/O 机柜的电源插卡电压输出正确；各插卡的发光二极管指示正确；进行备用切换试验，检查备用电源是否能及时启动。

（　　）10. 组态软件的特点包括实时多任务、接口开放、强大的数据库、高可靠性、安全性高等。

四、问答题

1. HMI 系统具备哪些基本功能？
2. 滤池控制系统中常见的滤格阀门包括哪些？
3. PLC 组态软件的特点包括实时多任务，即在同一台计算机上同时执行多个任务，其中包括哪些？

第13章 安 全 生 产

一、单选题

1. 在没有脚手架或者在没有栏杆的脚手架上工作，高度超过（　　）m 时，应使用安全带，或采取其他可靠的安全措施。
   A　1.2　　　　　B　1.4　　　　　C　1.5　　　　　D　1.6
2. 安全带按作业性质不同，分为围杆作业安全带、（　　）两种。
   A　攀登作业安全带　　　　　　　B　电工作业安全带
   C　区域限制安全带　　　　　　　D　悬挂作业安全带
3. 下列使用安全帽的做法，（　　）做法不正确。
   A　附加护耳罩　　　　　　　　　B　贴上标记
   C　自己钻孔加扣带　　　　　　　D　戴正安全帽
4. 携带型接地线由专用夹头和多股软铜线组成，其中软铜线截面积不得小于（　　）mm^2。
   A　9　　　　　　B　16　　　　　C　25　　　　　D　36
5. 一般来说，在高压设备停电检修时，不需要用到的安全用品是（　　）。
   A　绝缘棒　　　　B　绝缘手套　　　C　护目镜　　　　D　接地线
6. 下列关于接地线的叙述中，错误的是（　　）。
   A　接地线的作用是为了防止突然来电或高压电感对人体产生危害
   B　接地线装设需要先接接地端，后接导体端
   C　禁止在接电线和设备间连接熔断器
   D　使用缠绕方式连接接地线
7. （　　）不能用于临时遮拦的制作。
   A　干燥木材　　　　　　　　　　B　橡胶
   C　不锈钢　　　　　　　　　　　D　其他坚韧绝缘材料
8. 安全生产的目的是（　　）。
   A　保护劳动者在生产中的安全　　B　保护劳动者在生产中的健康
   C　促进经济建设的发展　　　　　D　以上全是
9. 下列（　　）不属于劳动保护的内容。
   A　改善劳动条件　　　　　　　　B　提供更多的休息时间
   C　预防职业病　　　　　　　　　D　预防工伤事故
10. 加氯间失电后，需要做的操作不包括（　　）。
    A　及时向上级汇报　　　　　　　B　启动中和装置
    C　切断蒸发器电源　　　　　　　D　密切关注蒸发器与切换器压力变化

11. 为了保证电力工作人员在生产中的安全和健康，除了使用基本和辅助安全用具之外，还需要配备一般性防护安全用具，如（　　）、安全帽、接地线、临时遮拦、标志牌等。

　　A　安全带　　　　　B　验电器　　　　　C　绝缘棒　　　　　D　绝缘手套

12. 接闪器就是专门用来接受（　　）的金属物体。

　　A　直接雷击　　　　B　间接雷击　　　　C　感应雷击　　　　D　跨步电压

13. 发觉跨步电压时，下列处理方法中错误的是（　　）。

　　A　趴下等待救援　　　　　　　　　　　B　单脚跳出危险区
　　C　站立不动等待救援　　　　　　　　　D　双脚并拢跳出危险区

14. 一般来说，固定式压力容器具有下列特点：（　　）、介质种类繁多、不同容器的工作条件差别大、材料种类多。

　　A　具有爆炸的危险性　　　　　　　　　B　不具有爆炸的危险性
　　C　具有腐蚀的危险性　　　　　　　　　D　不具有腐蚀的危险性

15. 阀型安全泄压装置适用于介质（　　）的气体。

　　A　比较洁净　　　　　　　　　　　　　B　比较浑浊
　　C　具有腐蚀性　　　　　　　　　　　　D　不具有腐蚀性

16. 工作接地包括信号回路接地、屏蔽接地和（　　）。

　　A　本安系统接地　　　　　　　　　　　B　保护接地
　　C　安全火花接地　　　　　　　　　　　D　独立接地

17. 在下列绝缘安全工具中，属于辅助安全工具的是（　　）。

　　A　绝缘棒　　　　　B　绝缘挡板　　　　C　绝缘靴　　　　　D　绝缘夹钳

18. 信号回路接地与屏蔽接地（　　）接地极。

　　A　应分别安装　　　　　　　　　　　　B　可共用一个单独的
　　C　可与电气系统共用　　　　　　　　　D　以上均可

19. 保护接地是指电网的中性点（　　）。

　　A　接地且设备外壳接地　　　　　　　　B　不接地，设备外壳接地
　　C　接地，设备外壳接零　　　　　　　　D　不接地，设备外壳接零

20. 不需要进行保护接地的装置有（　　）。

　　A　仪表盘及底座，用电仪表外壳　　　　B　配电箱、接线盒、汇线槽、导线管
　　C　A、B及铠装电缆的铠装保护层　　　　D　调节阀

二、多选题

1. 安全的生产力作用，主要表现在（　　）。

　　A　职工的安全素质　　　　　　　　　　B　职工的健康问题
　　C　安全装置与设施　　　　　　　　　　D　安全环境和条件
　　E　职工的薪酬问题

2. 电力系统过电压是指在电力线路上或电气设备上出现的超过正常的工作电压对绝缘具有危害的异常电压。过电压按其产生的原因，可分为（　　）。

　　A　内部过电压　　　　　　　　　　　　B　谐振过电压

C 雷电过电压 D 操作过电压
E 外部过电压

3. 接地装置是为满足电力系统和电气装置及非电气设备设施和建筑物的(　　)而设置的。

A 工作特性 B 电气特性
C 安全防护 D 防雷等级
E 经济特性

三、判断题

(　　) 1. 安全帽是保护使用者头部免受外物伤害的个人防护用具。按使用场合性能要求不同，分别采用普通型或电报警型安全帽。

(　　) 2. 携带型接地线的软铜线应符合短路电流通过时不致因高热而熔断的要求，此外还需要具有足够的机械强度。

(　　) 3. 地线使用前必须认真检查接地线是否完好，夹头和铜线连接应牢固，一般先用焊锡焊牢，再用螺丝拧紧。

(　　) 4. 临时遮拦高度应不低于1.7m。

(　　) 5. 触电人员在没有呼吸或脉搏后，可以停止人工救治。

(　　) 6. 安全生产中的经济投入是企业额外的支出，会影响企业的经济收入。

(　　) 7. 劳动保护是指保护劳动者在劳动过程中的安全与健康。

四、问答题

1. 仪器仪表工操作安全规程的职责是什么？
2. 仪器仪表工操作安全规程的一般安全规定有哪些？
3. 简述雷电过电压的两种基本形式。
4. 简述阀型避雷器的工作原理。
5. 固定式压力容器的特点有哪些？

仪器仪表维修工（供水）（五级 初级工）

理 论 知 识 试 卷

注 意 事 项

1. 考试时间：90min。
2. 请首先按照要求在试卷要求位置填写您的名字和所在单位名称。
3. 请仔细阅读各种题目的答题要求，在规定的位置填写您的答案。
4. 不要在试卷上乱写乱画。

	一	二	三	四	总分	统分人
得分						

得 分	
评分人	

一、**单选题**（共80题，每题1分）

1. 按仪表所使用的能源分类，可以分为气动仪表、电动仪表和（　　）。
   A 液动仪表　　　B 基地式仪表　　　C 现场仪表　　　D 架装仪表
2. 我们无法控制的误差是（　　）。
   A 疏忽误差　　　B 缓变误差　　　C 随机误差　　　D 系统误差
3. 产生测量误差的原因有（　　）。
   A 人的原因　　　B 仪器原因　　　C 外界条件原因　　　D 以上都是
4. 对任何控制系统，系统正常工作的首要条件是其必须是（　　）系统。
   A 快速　　　B 稳定　　　C 准确　　　D 精确
5. 3Ω和6Ω电阻串联，若3Ω电阻上电压为3V，则总电压为（　　）V。
   A 4　　　B 4.5　　　C 9　　　D 12
6. 电阻是一种（　　）元件。
   A 储存电场能量　　　B 储存磁场能量　　　C 耗能　　　D 储能
7. 电压表的内阻（　　）。
   A 越小越好　　　B 越大越好　　　C 适中为好　　　D 没有影响
8. 测量1Ω以下小电阻，如果要求精度高，应选用（　　）。

A 双臂电桥 B 毫伏表及电流表
C 单臂电桥 D 万用表×1 欧姆挡

9. 电路一般由（　　）部分组成。
A 电池、开关、灯泡 B 电源、负载和中间环节
C 直流稳压电源、开关、灯泡 D 电源、负载、电线

10. 一般线路中的熔断器有（　　）保护。
A 短路 B 过载
C 过载和短路 D 以上都是

11. 电流表的内阻（　　）。
A 越小越好 B 越大越好
C 适中为好 D 没有影响

12. 测量很大的电阻时，一般选用（　　）。
A 电压电流两个表 B 直流双臂电桥
C 万用表的欧姆挡 D 兆欧表

13. 可编程序控制器的英文缩写是（　　）。
A PIC B PID C PLD D PLC

14. 自动控制是基于（　　）的技术。
A 反馈 B 计算 C 算法 D 经验

15. （　　）是梯形图语言的符号。
A LD B IL C FBD D VB

16. （　　）不是在 PLC 网络中，数据传送的常用介质。
A 双绞线 B 同轴电缆 C 光缆 D 电磁波

17. 控制器是系统的（　　）。
A "大脑" B "手脚" C "耳目" D "心脏"

18. 执行器是系统的（　　）。
A "大脑" B "手脚" C "耳目" D "心脏"

19. 计算机集散控制系统的现场控制站内各功能模块所需直流电源一般为±5V、±15V(±12V) 以及（　　）V。
A ±10 B ±24 C ±36 D ±220

20. 二极管的正向电阻（　　）反向电阻。
A 大于 B 小于 C 等于 D 不确定

21. 当二极管加正向电压，二极管导通，管压降近乎为 0，理想状态下相当于（　　）。
A 导通 B 短路 C 断路 D 旁路

22. 三极管的工作区域不包括（　　）。
A 截止区 B 放大区 C 饱和区 D 缩小区

23. 两个开关控制一盏灯，只有两个开关都闭合时灯才不亮，则该电路的逻辑关系是（　　）。
A 与非 B 或非 C 同或 D 异或

24. UPS 中文全称是（　　）。

89

A 不间断电源系统 B 稳压电源系统
C 双电源互投 D 发电机组

25. 常规水处理工艺中常用的滤料是（ ）。
A 石英砂 B 无烟煤 C 鹅卵石 D 活性炭

26. 静水压强是随水深的增加而（ ）。
A 增加 B 减少 C 不变 D 不确定

27. 以活性炭为代表的（ ）工艺是微污染水源水预处理的有效方法。
A 吸附 B 氧化 C 还原 D 消毒

28. 在装配、调整、拆卸过程中，松紧螺钉应对称，（ ）分布进行，防止装配件变形。
A 同时 B 分步骤 C 顺时针 D 交叉

29. 电缆明敷设时要根据接线图应独自成束，合理分层，防止（ ）。
A 交叉 B 缠绕 C 相连 D 干扰

30. 仪表电缆敷设中，一般控制电缆应使用（ ）V 直流兆欧表测绝缘电阻。
A 100 B 500 C 1000 D 2500

31. 台式钻床钻孔直径一般在（ ）mm 以下，一般不超过 25mm。
A 15 B 16 C 13 D 12

32. 电锤可以在混凝土、砖、石头等硬性材料上开 6～100mm 的孔，开孔效率较高，但它不能在（ ）上开孔。
A 金属 B 水泥 C 混凝土 D 石材

33. 角向磨光机又称研磨机或角磨机，主要用于切割、研磨及刷磨金属与（ ）等。
A 玻璃 B 木质 C 塑料 D 石材

34. 测量管路又称脉冲管路，在仪表四种管路中是唯一与工艺管道直接相接的管道，需要经过（ ）试验。
A 电气 B 耐压 C 防腐 D 防潮

35. 接线时多股绞合的芯线必须使用（ ）。
A 直接线端子 B 缠绕线端子 C 焊接线端子 D 压接线端子

36. 电缆敷设中对电缆弯曲半径的要求，铠装电缆不小于外径的（ ）倍。
A 6 B 8 C 10 D 12

37. 当万用表的 R×1k 挡测量一个电阻，表针指示值为 3.5 则电阻为（ ）Ω。
A 3.5 B 35 C 350 D 3500

38. 万用表测电阻属于（ ）。
A 直接法 B 间接法 C 前接法 D 比较法

39. 钳形电流表的优点是（ ）。
A 准确度高 B 灵敏度高
C 可以交直流两用 D 可以不切断电路测电流

40. 使用钳形电流表时，下列操作错误的是（ ）。
A 测量前先估计被测量的大小
B 测量时导线放在钳口中心

C 测量小电流时，允许将被测导线在钳口多绕几圈
D 测量完毕，可将量程开关置于任意位置

41. 在测量较高电压电路的电流时，电流表应（　　）。
A 串联在被测电路的低电位端　　B 串联在被测电路的高电位端
C 串联在被测电路的任一端　　　D 并联在被测电路的高电位端

42. 兆欧表一般有三个接线端子，分别用字母"L""E""G"来表示，其中"E"表示（　　）。
A 相线　　　　B 地线　　　　C 保护环　　　　D 前面三项都不对

43. 手摇兆欧表的额定转速为（　　）r/min。
A 50　　　　　B 80　　　　　C 120　　　　　D 150

44. 直流双臂电桥主要用来测量（　　）。
A 大电阻　　　B 中电阻　　　C 小电阻　　　　D 小电流

45. 电桥平衡的条件是（　　）。
A 相邻臂电阻相等　　　　　　B 相邻臂电阻乘积相等
C 相对臂电阻相等　　　　　　D 相对臂电阻乘积相等

46. 示波管是将电信号转换成（　　）。
A 声信号　　　B 机械信号　　C 光信号　　　　D 数字信号

47. 以下（　　）是超声波流量计介质的特性，不影响声波的传输速度。
A 介电特性　　B 温度　　　　C 压力　　　　　D 形态

48. 用差压变送器测量液位的方法是利用（　　）。
A 浮力压力　　B 静压原理　　C 电容原理　　　D 动压原理

49. 超声波流量计的安装点考虑因素，一般不包括（　　）。
A 稳流　　　　B 温度　　　　C 压力　　　　　D 真空

50. 电磁流量计的安装可采用（　　）安装，但应保证满管条件。
A 水平　　　　B 垂直　　　　C 倾斜　　　　　D 都可以

51. 为了保证弹性式压力计的寿命和精度，压力计的实际使用压力应有一定的限制。当测量稳定压力时，正常操作压力应为量程的（　　）。
A 0～1/3　　　B 1/3～1/2　　C 1/3～2/3　　　D 2/3～1

52. 某容器的压力为1MPa。为了测量它，应选用量程为（　　）MPa的工业压力表。
A 0～1　　　　B 0～1.6　　　C 0～5　　　　　D 0～4

53. 下列不属于浮力式液位计的特点是（　　）。
A 结构简单　　B 造价低　　　C 维持方便　　　D 无须使用机械原理

54. 浮子式液位计最适合（　　）的液位测量。
A 大型储罐清洁液体　　　　　B 脏污、黏性液体
C 低温环境下易结冰的液体　　D 两种液体密度比有变化的界面

55. 当超声波液位仪的传感器下方有部分水滴附着时，其测量示数（　　）。
A 会变大　　　B 保持不变　　C 会变小　　　　D 波动不定

56. 热电偶式温度传感器的工作原理是基于（　　）。

91

A 压电效应　　　　　B 热电效应　　　　　C 应变效应　　　　　D 光电效应

57. 在热电阻温度计中，电阻和温度的关系是（　　）。

A 近似线性　　　　　B 非线性　　　　　　C 水平直线　　　　　D 垂直线

58. 仪表工在进行故障处理前，必须（　　）。

A 熟悉工艺流程

B 清楚自控系统、检测系统的组成及结构

C 端子号与图纸全部相符

D 以上三项

59. 仪表按照能源划分为（　　）。

A 电动和气动　　　　　　　　　　　B 电动和液动

C 气动和液动　　　　　　　　　　　D 电动、气动和液动

60. 在线式浊度仪运行正常时，如果仪表显示示数超量程，应优先采用（　　）处理。

A 调整测量量程　　　　　　　　　　B 调整试样进口的水压

C 检查样水水质　　　　　　　　　　D 在显示仪表上重新扫描传感器

61. 关于采用散射法的在线式浊度仪维护清洗内容，不包括（　　）。

A 清洗传感器电源连接头　　　　　　B 清洗光电池窗口

C 清洗气泡捕集器　　　　　　　　　D 清洗本体

62. 下列选项中，（　　）不能作为余氯仪的更换备件。

A 搅拌棒　　　　　B 过滤网　　　　　C 滴定泵　　　　　D 管路

63. 下列的论述正确的是（　　）。

A pH 表示酸的浓度　　　　　　　　B pH 越大，酸性越强

C pH 表示稀释溶液的酸碱性强弱程度　D 以上均不正确

64. 执行器由（　　）和（　　）两部分组成，它在自动化控制系统中的作用是接受来自调节器或计算机（DCS、PLC 等）发出的信号，把被调节参数控制在所要求的范围内，从而达到生产过程自动化。

A 执行机构，调节机构　　　　　　　B 电动机，反馈电路

C 减速传动机构，伺服放大器　　　　D 功率放大器，信号比较器

65. 电动执行机构接收由控制系统发送的（　　）mA 操纵信号，控制内部电动机的正、反转。

A 0～15　　　　　B 0～20　　　　　C 4～15　　　　　D 4～20

66. PLC 硬件主要故障不包括（　　）。

A 主机系统故障　　　　　　　　　　B PLC 的 I/O 端口故障

C 组态软件故障　　　　　　　　　　D 现场控制设备故障

67. 某型液位仪的 4～20mA 输出模拟信号应接入 PLC 的（　　）。

A DI 模块　　　　　B DO 模块　　　　　C AI 模块　　　　　D AO 模块

68. （　　）可编程控制器的特点是结构紧凑、体积小、成本低、安装方便，缺点是输入输出点数是固定的，不一定能适合具体的控制现场的需要。

A 整体式结构类　　　B 模块式结构类　　　C 大型　　　　　　　D 超大型

69. （　　）是水厂自控系统控制层。

A　PLC 主站　　　　B　工程师站　　　　C　WEB 服务器　　　D　水质检测仪表

70. 水厂设备的控制模式设三级控制，其中不包含(　　)。
A　就地　　　　　　　　　　　　　B　现场 PLC 控制站
C　监控中心　　　　　　　　　　　D　远程局域网

71. PLC 在一个扫描周期内基本上要执行的任务不包括(　　)。
A　输入输出信息处理任务　　　　　B　循环扫描任务
C　与外部设备接口交换信息任务　　D　执行用户程序任务

72. 下列使用安全帽的做法，(　　)不正确。
A　附加护耳罩　　　　　　　　　　B　贴上标记
C　自己钻孔加扣带　　　　　　　　D　戴正安全帽

73. 携带型接地线由专用夹头和多股软铜线组成，其中软铜线截面积不得小于(　　)mm²。
A　9　　　　B　16　　　　C　25　　　　D　36

74. 下列关于接地线的叙述中，错误的是(　　)。
A　接地线的作用是为了防止突然来电或高压电感对人体产生危害
B　接地线装设需要先接接地端，后接导体端
C　禁止在接电线和设备间连接熔断器
D　使用缠绕方式连接接地线

75. 在下列绝缘安全工具中，属于辅助安全工具的是(　　)。
A　绝缘棒　　　　B　绝缘挡板　　　C　绝缘靴　　　　D　绝缘夹钳

76. 保护接地是指电网的中性点(　　)。
A　接地，且设备外壳接地　　　　　B　不接地，设备外壳接地
C　接地，设备外壳接零　　　　　　D　不接地，设备外壳接零

77. 下列关于触电急救的做法，错误的是(　　)。
A　徒手拉开触电者　　　　　　　　B　尽快与医疗部门联系
C　使触电者迅速脱离电源　　　　　D　切断电源

78. 水厂不间断电源及蓄电池不符合规定的是(　　)。
A　主机环境通风良好，定期检查排热风扇工作状态，清理风扇外部过滤网
B　每月检查一次 UPS 的输入、输出电源接线端子及电池接线端子，应无松动
C　每半年检查一次 UPS 的输出电压、充电电压，应符合设计要求
D　不同容量、不同类型、不同制造厂家的电池可以混合使用

79. 触电急救时，首先需要做的动作是(　　)。
A　止血包扎　　　　　　　　　　　B　人工呼吸
C　使触电者迅速脱离电源　　　　　D　心肺复苏

80. "当心触电"安全标志属于(　　)。
A　禁止标志　　　B　警告标志　　　C　指令标志　　　D　提示标志

得　分	
评分人	

二、判断题（共 20 题，每题 1 分）

（　　）1. 加大灵敏度，可以提高仪表的精度。

（　　）2. SI 基本单位共有 8 个。

（　　）3. PLC 的通信可分为并行通信与串行通信。

（　　）4. 梯形图编程语言的特点是其与电气操作原理图相对应，具有直观性和对应性；与原有继电器控制相一致，电气设计人员易于掌握。

（　　）5. 电气设备的额定功率是指有功功率。

（　　）6. 无功功率是无用的功率。

（　　）7. 双绞线是由两根彼此导通的导线按照一定规则以螺旋状绞合在一起。

（　　）8. 活性炭孔隙多，比表面积大，能够迅速吸附水中的溶解性有机物，同时也能富集水中的微生物，而被吸附的溶解性有机物也为维持炭床中微生物的生命活动提供营养源。

（　　）9. 电锤是利用活塞运动的原理，压缩气体冲击钻头，开孔效率较高，可以在金属上开孔。

（　　）10. 仪表管道要求横平竖直，讲究美观。

（　　）11. 电缆在汇线槽内要排列整齐，在垂直汇线槽内要用扎带绑在支架上固定；在拐弯、两端等部位无需留有富余长度。

（　　）12. 电能表主要测量的是负载所消耗的电能。

（　　）13. 万用表欧姆挡可以测量 0～∞ 之间任意阻值的电阻。

（　　）14. 电磁流量计可以测量气体介质流量。

（　　）15. SC200 通用型数字控制器多用于市政污水、自来水、污染源、地表水、工业过程水和废水等的监测。

（　　）16. 使用钳形电流表时，可选择最高挡位，然后再根据读数逐次切换。

（　　）17. 余氯仪缓冲溶液即可用于测量余氯也可用于测量总氯。

（　　）18. 安全生产中的经济投入是企业额外的支出，会影响企业的经济收入。

（　　）19. 标示牌用来警告工作人员，不准接近设备带电部分，提醒工作人员在工作地应采取的安全措施。标示牌用木质、绝缘材料或金属板制作。

（　　）20. 劳动保护是指保护劳动者在劳动过程中的安全与健康。

仪器仪表维修工（供水）（四级　中级工）

理 论 知 识 试 卷

注 意 事 项

1. 考试时间：90min。
2. 请首先按照要求在试卷要求位置填写您的名字和所在单位名称。
3. 请仔细阅读各种题目的答题要求，在规定的位置填写您的答案。
4. 不要在试卷上乱写乱画。

	一	二	三	四	总分	统分人
得分						

得　分	
评分人	

一、单选题（共80题，每题1分）

1. 按仪表在测量与控制系统中的作用进行划分，一般分为检测仪表、显示仪表，调节（控制）仪表和（　　）4大类。
   A 执行器　　　　B 分析仪表　　　　C 远传仪表　　　　D 现场仪表

2. 仪表的引用误差允许值又称为（　　）。
   A 允许误差　　　B 引用误差　　　　C 基本误差　　　　D 检测误差

3. 压力、压强、应力的单位"帕［斯卡］"的符号是（　　）。
   A N　　　　　　B L　　　　　　　C Pa　　　　　　　D S

4. 自动控制系统的组成一般包括比较、控制器，（　　），执行机构和测量变送器四个环节组成。
   A 被控对象　　　B 控制对象　　　　C 控制参数　　　　D 传递函数

5. PLC的工作方式就是（　　）。
   A 等待工作方式　　　　　　　　　　B 中断工作方式
   C 扫描工作方式　　　　　　　　　　D 循环扫描工作方式

6. 自动控制系统是利用负反馈原理构成，（　　）是产生控制作用的主要信号源。
   A 输入信号　　　B 输出信号　　　　C 误差信号　　　　D 偏差信号

95

7. 通常所说交流220V或380V电压,是指它的(   )。
   A 平均值   B 最大值   C 有效值   D 瞬时值

8. UPS中文全称是(   )。
   A 不间断电源系统   B 稳压电源系统
   C 双电源互投   D 发电机组

9. 热继电器的电气符号是(   )。
   A KM   B QF   C FR   D FU

10. 固态继电器相比常用触点继电器的优势是(   )。
    A 工作可靠,驱动功率小   B 无触点,无噪声
    C 开关速度快,工作寿命长   D 以上都是

11. 电路一般由(   )部分组成。
    A 电池、开关、灯泡   B 电源、负载和中间环节
    C 直流稳压电源、开关、灯泡   D 电源、负载、电线

12. 单相正弦交流电路的三要素是(   )。
    A 电压、电流、频率   B 电压、相电流、线电流
    C 幅值、频率、初相角   D 电流、频率、初相角

13. 在电气设备的保护接零方式中,常常采用重复接地的主要目的是(   )。
    A 降低零线的线径,节省材料
    B 降低对接地电阻的要求,进而降低系统总造价
    C 方便在各点加接触电保护装置,保护人身安全
    D 防止零线断线,保证接地系统的可靠

14. 普通功率表在接线时,电压线圈和电流线圈的关系是(   )。
    A 电压线圈必须接在电流线圈的前面
    B 电压线圈必须接在电流线圈的后面
    C 视具体情况而定
    D 电压线圈与电流线因前后交叉接线

15. 测量电容,除可选用电容表外,还可选用(   )。
    A 直流单臂电桥   B 直流双臂电桥
    C 交流电桥   D 万用表的欧姆挡

16. 万用表的转换开关是实现(   )。
    A 各种测量种类及量程的开关   B 万用表电流接通的开关
    C 接通被测物的测量开关   D 测量保持

17. 三极管的工作区域不包括(   )。
    A 截止区   B 放大区   C 饱和区   D 缩小区

18. 当二极管加正向电压,二极管导通,管压降近乎为0,理想状态下相当于(   )。
    A 导通   B 短路   C 断路   D 旁路

19. 触摸屏是用于实现替代(   )的功能。
    A 传统继电控制系统   B PLC控制系统
    C 工控机系统   D 传统开关按钮型操作面板

20. PLC 的一个扫描周期一般在（　　）之间。
   A 4～10ms　　　B 40～100ms　　　C 10～40ms　　　D 任意
21. 可编程序控制器的基本组成部分包括：（　　）、存储器及扩展存储器、I/O模板（模拟量和数字量）、电源模块。
   A 功能模块　　　　　　　　　　B 扩展接口
   C CPU（中央处理器）　　　　　 D 信号模块
22. 在PLC的输入/输出单元中，光电耦合电路的主要作用是（　　）。
   A 信号隔离　　B 信号传输　　C 信号隔离与传输　　D 信号转换
23. 梯形图中的继电器触点在编制用户程序时，可以使用（　　）次。
   A 1　　　　　B 2　　　　　C 3　　　　　D 无限
24. 梯形图中用户逻辑解算结果，可以立即被（　　）的程序解算所引用。
   A 前面　　　　B 后面　　　　C 全部　　　　D 本条
25. （　　）不是在PLC网络中，数据传送的常用介质。
   A 双绞线　　　B 同轴电缆　　C 光缆　　　　D 电磁波
26. 现场总线的本质意义是（　　）。
   A 信息技术对自动化系统底层的现场设备改造
   B 传输信息的公共通路
   C 从控制室连接到现场的单向串行数字通信线
   D 低带宽的计算机局域网
27. 以下不属于根据滤池控制方式来划分的滤池种类是（　　）。
   A 普通快滤池　　　　　　　　　B 气、水反冲洗滤池
   C 无阀滤池　　　　　　　　　　D V形滤池
28. 常规水处理工艺中常用的滤料是（　　）。
   A 石英砂　　　B 无烟煤　　　C 鹅卵石　　　D 活性炭
29. 滤料的选择条件有（　　）。①足够的机械强度；②足够的化学稳定性；③能就地取材，性价比高；④具有适当的级配与孔隙率。
   A ①②③　　　B ①②④　　　C ①③④　　　D ①②③④
30. 以下不属于影响消毒效果的因素是（　　）。
   A 消毒剂浓度　　　　　　　　　B 消毒剂与水接触时间
   C 水质本身因素　　　　　　　　D 消毒剂的体积
31. 消毒剂的效果CT值中C、T分别代表（　　）。
   A 消毒剂浓度、消毒剂接触时间　　B 消毒剂浓度、微生物浓度
   C 微生物浓度、消毒剂接触时间　　D 消毒剂接触时间、微生物浓度
32. 常见的臭氧-活性炭工艺流程为（　　）。
   A 原水-混凝-沉淀-过滤-臭氧反应器-生物活性炭滤池-消毒-出水
   B 原水-混凝-沉淀-臭氧反应器-生物活性炭滤池-过滤-消毒-出水
   C 原水-混凝-沉淀-过滤-消毒-臭氧反应器-生物活性炭滤池-出水
   D 原水-混凝-沉淀-过滤-生物活性炭滤池-臭氧反应器-消毒-出水
33. 地表水作为饮用水源时，给水处理中主要的去除对象是（　　）。

A 金属离子 B 病原菌和细菌
C 悬浮物和胶体物质 D 有机物和铁、锰

34. 以地下水作为生活饮用水水源,当地下水中铁、锰的含量超过生活饮用水卫生标准时,需要采用( )等方法去除铁、锰。
A 投加混凝剂 B 增设预沉淀池或沉淀池
C 加氯接触消毒 D 自然氧化法和接触氧化法

35. 氯胺消毒中氯和胺的投加顺序应该是( )。
A 先加氯后加氨 B 先加氨后加氯
C 同时投加 D 无先后顺序

36. 膜分离法中( )法主要分离对象为固体悬浮物、浊度、细菌等。
A 微滤 B 超滤 C 纳滤 D 反渗透

37. 关于水处理中膜的性能表述,错误的是( )。
A 截留分子量越小、截留率越高越好
B 在截留率一定的条件下,水通量越小越好
C 孔径分布越均匀越好
D 膜表面的物理化学性能会影响膜的性能

38. 水中氨氮和亚硝酸盐氮可被生物氧化为硝酸盐,从而减少了后氯化的投氯量,降低了( )的生成量。
A 二卤乙酸 B 三卤甲烷 C 卤乙腈 D 卤乙醛

39. 仪表电缆敷设应根据( ),先集中后分散的原则。
A 先远后近 B 先近后远 C 先信号后电源 D 先电源后信号

40. 电缆明敷设时要根据接线图独自成束,合理分层,防止( )。
A 交叉 B 缠绕 C 相连 D 干扰

41. 仪表安装就是把各个独立的部件即仪表、管线、电缆、( )等按设计要求组成回路或系统完成检测或调节任务。
A 主要设备 B 附属设备 C 备用设备 D 相关设备

42. 对电缆进行检查,型号规格、电缆芯数要符合设计要求,外观完好无破损,并进行绝缘电阻(芯线与芯线,芯线与地或屏蔽层)和导通检查,绝缘电阻不小于( )MΩ为合格。
A 5 B 10 C 15 D 20

43. 数字式万用表中的快速熔丝管起( )保护作用。
A 过流 B 过压 C 短路 D 欠压

44. 伏安法测电阻属于( )测量法。
A 间接 B 直接 C 替代 D 比较

45. 钳形电流表的优点是( )。
A 准确度高 B 灵敏度高
C 可以交直流两用 D 可以不切断电路测电流

46. 欧姆表的标度尺刻度是( )。
A 与电流表刻度相同,而且是均匀的 B 与电流表刻度相同,而且是不均匀的

C 与电流表刻度相反，而且是均匀的　　D 与电流表刻度相反，而且是不均匀的

47. 兆欧表一般有三个接线端子，分别用字母"L""E""G"来表示，其中"L"表示(　　)。

A 相线　　　B 地线　　　C 保护环　　　D 前面三项都不对

48. 下列不是超声波物位计特点的是(　　)。

A 超声探头振动较大

B 不受光线、粉尘、湿度、黏度的影响

C 可测范围大，液体、粉末、固体颗粒都可测量

D 非接触测量仪表

49. 转子流量计中的流体流动方向是(　　)。

A 自下而上　　B 自上而下　　C 自左向右　　D 自右向左

50. 关于电磁流量计，以下说法错误的是(　　)。

A 电磁流量计是不能测量气体介质流量

B 电磁流量计是变送器地线接在公用地线、上下水管道就够了

C 电磁流量计的输出电流与介质流量有线性关系

D 电磁流量变送器和工艺管道紧固在一起可以不必再接地线

51. 电磁流量计是测量(　　)信号制成的流量仪表，可用来测量导电液体体积流量。

A 频率　　　B 感应电动势　　C 流速　　　D 相位差

52. 压力检测仪表如果和温度检测仪表安装在同一管段，则应安装在温度检测仪表(　　)。

A 上游侧　　B 下游侧　　C 同侧　　　D 远端

53. 压力表的使用范围一般在它量程的1/3～2/3处，如果低于1/3，则(　　)。

A 因为压力过低仪表没有显示　　B 精度等级下降

C 相对误差增加　　　　　　　　D 机械损坏

54. 超声波物位计是通过测量声波发射和反射回来的(　　)差来测量物位高度的。

A 时间　　　B 速度　　　C 频率　　　D 强度

55. 浮球式液位计所测液位越高，则浮球所受浮力(　　)。

A 越大　　　B 越小　　　C 不变　　　D 不一定

56. 热电偶的延长应使用(　　)。

A 导线　　　B 三芯电缆　　C 补偿导线　　D 二芯电缆

57. 在日常维护中我们常常遇到热电偶导线断路情况，此时温度指示在(　　)。

A 机械零点　　B 0℃　　　C 最大值　　　D 原测量值不变

58. 下列选项中，仪表维护人员可将(　　)作为在线式浊度仪的更换备件。

A 比色池　　B 蠕动泵　　C 灯泡　　　D 加热槽

59. 浊度仪在显示仪表上的示数与远传示数不一致且呈现倍数关系，则应(　　)。

A 调整信号传输量程

B 传感器漏光严重，将传感器放入测量桶中

C 检查样水清洁度

D 在显示仪表上重新扫描传感器

60. 下列选项中,( )不能作为余氯仪的更换备件。
    A 搅拌棒　　　　B 过滤网　　　　C 滴定泵　　　　D 管路

61. 在线式余氯仪处于工作状态时,搅拌棒起到混合搅拌作用,其位置处于( )。
    A 管路中　　　　　　　　　　　B 色度计中
    C 缓冲试剂瓶中　　　　　　　　D 指示试剂瓶中

62. pH 检测仪在使用中常常会存在碎屑和沉淀物,如果用肥皂水清洗后仍有碎屑,可将传感器的测量端浸入( )中,时间不超过 5min。
    A 纯净水　　　　B 稀酸溶液　　　C 自来水　　　　D 标准溶液

63. 采用水杨酸比色法的氨氮在线仪表,在使用水杨酸法测量时,由于催化剂的催化作用,使铵根离子在 pH＝12.6 的碱性介质中,与次氯酸根离子和水杨酸盐离子反应,生成靛酚化合物,并呈现出( )。
    A 黄色　　　　　B 绿色　　　　　C 白色　　　　　D 无色

64. 氨氮在线分析仪采用两点校准方法时,其管路连接的标准溶液用于( )。
    A 标准点校准　　B 零点校准　　　C 清洗管路　　　D 清洗溢流瓶

65. COD 在线分析仪在校准前,校准溶液要经过仪表过滤器过滤,以保证校准的准确性,其中过滤器内的主要物质为( )。
    A 细沙　　　　　B 海绵　　　　　C 活性炭　　　　D 硅油

66. 关于执行器执行机构的选择,如果调节机构是直行程类的,就应选用( )执行机构。
    A 活塞　　　　　B 薄膜　　　　　C 角行程　　　　D 直行程

67. 气体检测仪是一种气体泄漏( )检测的仪器仪表工具。
    A 百分比　　　　B 强度　　　　　C 浓度　　　　　D 灵敏度

68. 现在的颗粒计数器大多数采用( )光源,可很好地聚焦,均匀性好,检测下限度达到 1μm,可满足目前大多数液体颗粒检测国际、国内标准的要求。
    A 白炽光　　　　B 热辐射光　　　C 激光　　　　　D 气体放电光

69. 电导率仪的传感器特性随着时间缓慢转变,并导致传感器丧失准确性。传感器必须定期校准以保持准确性。电导率传感器常用湿校准法校准,在空气中进行( ),配合参考溶液或过程试样定义校准曲线。
    A 1 点校准　　　B 2 点校准　　　C 零点校准　　　D 标准点校准

70. DCS（Distributed Control System）称为( )。
    A 数据采集与监视控制系统　　　B 集散型控制系统
    C 数据采集系统　　　　　　　　D 监视控制系统

71. PLC 控制的现场传感器和仪表出现故障,在控制系统中一般反映在( )的不正常。
    A 触点　　　　　B 极限位置　　　C 信号　　　　　D 噪声

72. 数据库的功能中,( )是数据库最基本的应用。
    A 数据管理　　　B 数据预测　　　C 数据分析　　　D 数据查询

73. 人机界面产品由硬件和软件两部分组成,硬件中( )的性能决定了 HMI 产品的性能高低,是 HMI 的核心单元。

A 处理器　　　　B 显示单元　　　　C 输入单元　　　　D 通信接口

74. 一般来说，在高压设备停电检修时，不需要用到的安全用品是（　　）。
A 绝缘棒　　　　B 绝缘手套　　　　C 护目镜　　　　D 接地线

75. 安全生产的目的是（　　）。
A 保护劳动者在生产中的安全　　　　B 保护劳动者在生产中的健康
C 促进经济建设的发展　　　　D 以上全是

76. 信号回路接地与屏蔽接地（　　）接地极。
A 应分别安装　　　　B 可共用一个单独的
C 可与电气系统共用　　　　D 以上均可

77. 不需要进行保护接地的装置有（　　）。
A 仪表盘及底座，用电仪表外壳　　　　B 配电箱、接线盒、汇线槽、导线管
C A、B及铠装电缆的铠装保护层　　　　D 调节阀

78. 一般来说，固定式压力容器具有下列特点：（　　）、介质种类繁多、不同容器的工作条件差别大、材料种类多。
A 具有爆炸的危险性　　　　B 不具有爆炸的危险性
C 具有腐蚀的危险性　　　　D 不具有腐蚀的危险性

79. 为了加强安全生产监督管理，防止和减少生产安全事故，保障人民群众生命和财产安全，促进经济发展，制定了安全生产相关法律法规。其中常用的如下：（　　）《中华人民共和国消防法》《中华人民共和国职业病防治法》等。
A 《中华人民共和国安全生产法》　　　　B 《中华人民共和国民法典》
C 《中华人民共和国刑法》　　　　D 《中华人民共和国治安管理处罚法》

80. 下列关于接地线的叙述，错误的是（　　）。
A 接地线的作用是为了防止突然来电或高压电感对人体产生危害
B 接地线装设需要先接接地端，后接导体端
C 禁止在接电线和设备间连接熔断器
D 使用缠绕方式连接接地线

得　分	
评分人	

二、判断题（共20题，每题1分）

（　　）1. 仪表的精度越高，其灵敏度越高。

（　　）2. 国际单位制是在厘米制的基础上发展起来的一种一贯单位制。

（　　）3. 由于PID控制规律全面地综合比例、积分、微分控制的优点，故PID控制器是一种相当完善的控制器。

（　　）4. PN结外加正向电压时，耗尽层变窄，内部电场增强，扩散运动大于漂移运动。

（　　）5. 逻辑运算是0和1逻辑代码的运算，二进制运算也是0、1数码的运算。这两种运算实际是一样的。

（　　）6. TN-C-S 系统的明确含义是系统有一点直接接地，装置的外露导电部分用保护线与该点连接、且系统的中性线与保护线有一部分是合一的。

（　　）7. 工程师站的具体功能包括系统生成、数据结构定义、组态、报表程序编制等。

（　　）8. PLC 的工作方式就是循环扫描工作方式。

（　　）9. 当地下水作为生活饮用水源时，地下含氟量超标时，采用混凝沉淀法，其除氟原理是，投入硫酸铝、氯化铝或碱式氯化铝，使氟化物产生沉淀物。

（　　）10. 紫外线杀菌效率高，且可去除部分有机物，所需接触时间短，不改变水的物理化学性质，但没有持续消毒作用，因此应后续加氯以防止管网水再度受到污染。

（　　）11. 要增加滤池的配水均匀性，一般有两种途径：一是加大布水孔眼的阻力；二是减小管道的水力阻抗值。

（　　）12. 仪表伴热管功能复杂，是安装四种管道中最为复杂的一种管线。

（　　）13. 用电桥测量电阻的方法属于比较测量法。

（　　）14. 电磁流量计的变送器的地线可接在公用地线或下水管道上。

（　　）15. 物位测量仪是应用最广泛的非接触式测量方法。

（　　）16. 浊度仪适合测量低量程的水样，且水样中的悬浮物不会影响测量。

（　　）17. pH 检测仪传感器特性会随着时间缓慢转变，并导致传感器丧失准确性。传感器必须定期校准以保持测量的准确性。

（　　）18. 执行机构中的低速同步电动机按照伺服放大器输出的驱动电流产生相应的正、反转。传动机构把电机转子的转动转换成推杆的直行程或角行程，同时减速以增大力矩。

（　　）19. 组态软件的特点包括实时多任务、接口开放、强大的数据库、高可靠性、安全性高等。

（　　）20. 安全帽是保护使用者头部免受外物伤害的个人防护用具。按使用场合性能要求不同，分别采用普通型或电报警型安全帽。

仪器仪表维修工（供水）（三级 高级工）

理 论 知 识 试 卷

注 意 事 项

1. 考试时间：90min。
2. 请首先按照要求在试卷要求位置填写您的名字和所在单位名称。
3. 请仔细阅读各种题目的答题要求，在规定的位置填写您的答案。
4. 不要在试卷上乱写乱画。

	一	二	三	四	总分	统分人
得分						

得 分	
评分人	

一、单选题（共60题，每题1分）

1. 安全生产的目的是( )。
   A 保护劳动者在生产中的安全　　B 保护劳动者在生产中的健康
   C 促进经济建设的发展　　　　　D 以上全是

2. 工作接地包括信号回路接地、屏蔽接地和( )。
   A 本安系统接地　B 保护接地　C 安全火花接地　D 独立接地

3. 在下列绝缘安全工具中，属于辅助安全工具的是( )。
   A 绝缘棒　　　B 绝缘挡板　　C 绝缘靴　　　D 绝缘夹钳

4. 为了保证电力工作人员在生产中的安全和健康，除了使用基本和辅助安全用具之外，还需要配备一般性防护安全用具，如( )、安全帽、接地线、临时遮栏、标志牌等。
   A 安全带　　　B 验电器　　　C 绝缘棒　　　D 绝缘手套

5. 加氯间失电后，需要做的操作不包括( )。
   A 及时向上级汇报　　　　　　B 启动中和装置
   C 切断蒸发器电源　　　　　　D 密切关注蒸发器与切换器压力变化

6. 仪表电缆敷设应根据( )，先集中后分散的原则。

103

A 先远后近　　　B 先近后远　　　C 先信号后电源　D 先电源后信号

7. 仪表安装应按照设计提供的施工图、（　　）、仪表安装使用说明书的规定进行。

A 设计图　　　　B 设计变更　　　C 安装图　　　　D 示意图

8. 仪表电缆桥架是使电线、电缆、光缆铺设达到标准化、系列化、（　　）的电缆铺设装置。

A 通用化　　　　B 安全化　　　　C 智能化　　　　D 信息化

9. 根据制造桥架的材料不同，桥架一般分为钢制电缆桥架、阻燃玻璃钢电缆桥架、抗腐蚀铝合金电缆桥架、（　　）。

A 防火电缆桥架　B 槽式电缆桥架　C 托盘式电缆桥架　D 梯级式电缆桥架

10. 智能仪表的微处理器对采集数据进行运算和处理，一般是（　　）。

A 线性校正　　　B 非线性校正　　C 常规校正　　　D 特殊校正

11. 智能仪表可以与 PC、PLC 等组成（　　）测控系统。

A 集中式　　　　B 分布式　　　　C 单一　　　　　D 独立

12. pH 指示电极是（　　）电极。

A 玻璃　　　　　B 金属　　　　　C 纤维　　　　　D 塑料

13. 余氯仪色度计的测量室可积累沉积物或在室壁内侧形成一层（　　）。

A 薄膜　　　　　B 沉淀物　　　　C 青苔　　　　　D 蓝藻

14. 万用表的直流电压挡损坏，（　　）不能使用。

A 直流电流挡　　B 电阻挡　　　　C 交流电压挡　　D 整个万用表

15. 钳形电流表的优点是（　　）。

A 准确度高　　　　　　　　　　　B 灵敏度高
C 可以交直流两用　　　　　　　　D 可以不切断电路测电流

16. 仪表工日常保养维护项目一般包括：余氯仪、（　　）、pH 仪、溶解氧仪、COD 仪、氨氮仪、漏氯报警仪、PLC 柜、网络安防设备等。

A 高压断路器　　　　　　　　　　B 浊度仪
C 高压电容柜　　　　　　　　　　D 高压变频器

17. 差压液位计安装高度与测量范围的关系是（　　）。

A 没有关系　　　　　　　　　　　B 安装位置越高，测量范围就越大
C 安装位置越高，测量范围就越小　D 无法确定

18. 压力表安装时取压管与管道连接处的内壁应（　　）。

A 平齐　　　　　　　　　　　　　B 插入其中
C 插入期内并弯向介质流动过来的方向　D 侧面插入

19. 浮筒式液位变送器在现场调节零位时，浮筒内应（　　）。

A 放空　　　　　　　　　　　　　B 充满被测介质
C 充满水　　　　　　　　　　　　D 有无介质不影响

20. 调试超声波液位计时，必须把量程上限设定值比被测罐或池的高度少（　　）mm，这样才能准确地检测液位。

A 400　　　　　B 500　　　　　C 600　　　　　D 700

21. 数字温度表适合安装在无（　　）、无防爆要求、无腐蚀性气体的环境。

A 强电磁波　　　B 强噪声　　　C 强振动　　　D 强频率

22. 仪表安装就是把各个独立的部件即仪表、管线、电缆、（　　）等按设计要求组成回路或系统完成检测或调节任务。

A 主要设备　　　B 附属设备　　　C 备用设备　　　D 相关设备

23. 在积分控制中，控制器的输出与输入误差信号的积分呈（　　）关系。

A 正比　　　B 反比　　　C 线性　　　D 非线性

24. 自动控制系统是利用负反馈原理构成，（　　）是产生控制作用的主要信号源。

A 输入信号　　　B 输出信号　　　C 误差信号　　　D 偏差信号

25. 关于传递函数，错误的说法是（　　）。

A 传递函数只适用于线性定常系统

B 传递函数不仅取决于系统的结构参数，给定输入和扰动对传递函数也有影响

C 传递函数一般是为复变量 s 的真分式

D 闭环传递函数的极点决定了系统的稳定性

26. 频率响应是时间响应的特例，是控制系统对（　　）输入信号的稳态正弦响应。

A 正弦　　　B 余弦　　　C 方波　　　D 阶跃

27. 线性定常系统传递函数的定义：系统初始条件为零时，输出变量的拉普拉斯变换与输入变量的拉普拉斯变换（　　），称为系统的传递函数。

A 之比　　　B 之和　　　C 之积　　　D 之差

28. 下列（　　）措施对提高系统的稳定性没有效果。

A 增加开环极点　　　　　　　B 在积分环节外加单位负反馈

C 增加开环零点　　　　　　　D 引入串联超前校正装置

29. 采用负反馈形式连接后，则（　　）。

A 一定能使闭环系统稳定

B 系统动态性能一定会提高

C 一定能使干扰引起的误差逐渐减小，最后完全消除

D 需要调整系统的结构参数，才能改善系统性能

30. 比例控制器的比例系数 K_P（　　），系统的静差就越小，对提高控制精度有好处。

A 越大　　　B 越小

C 不变　　　D 以上均不正

31. 比例控制器是指控制器的输出量与输入量（偏差）的大小呈（　　）。

A 正比　　　B 反比　　　C 线性　　　D 非线性

32. 气体检测仪是一种气体泄漏（　　）检测的仪器仪表工具。

A 百分比　　　B 强度　　　C 浓度　　　D 灵敏度

33. 关于便携式气体检测仪，说法错误的是（　　）。

A 当检测结果超出预先设置的报警设定值，仪器便以声、光及振动报警提醒

B 便携式气体检测仪一般采用电化学式

C 当气体浓度高于报警设定值时，仪器将返回到气体读数模式

D 在报警状态下，仪器按一定频率就会发出低频蜂鸣（低浓度报警），高频蜂鸣（高浓度报警），光报警以及振动报警

34. 若气体检测仪的传感器窗口堵塞或滤水膜被玷污,可能会导致气体读数(　　)实际气体浓度。
　　A　低于　　　　　B　高于　　　　　C　等于　　　　　D　固定在

35. 当气体读数骤然超过检测范围(　　)后又(　　)或是读数不稳定,则可能表示出现了被测气体浓度超出爆炸上限的危险情况。
　　A　上限,上升　　B　上限,下降　　C　下限,上升　　D　下限,下降

36. 为提高自控系统的维护工作水平和效率,一般需要做好以下的准备工作:(　　)、熟悉系统外部接线、了解系统仪表和控制元件信息、系统的备份、服务资料。
　　A　根据设计方案提供文档资料　　　B　根据设计方案提供图纸
　　C　施工人员信息　　　　　　　　　D　设计人员信息

37. 控制系统的维护的分类一般分为:(　　)、预防性维护和故障维护。
　　A　日常维护　　　B　应急维护　　　C　标准维护　　　D　例行维护

38. 控制系统的日常维护的内容包括:(　　)、保证空调设备稳定运行、避免电磁场对系统的干扰、注意防尘、严禁使用非正版软件、做好子目录的备份、数据监控和故障诊断功能完好等。
　　A　完善自控系统管理制度　　　　　B　完善自控系统操作制度
　　C　编写自控系统管理制度　　　　　D　编写自控系统操作制度

39. 控制系统的预防性维护的内容包括:(　　)、系统供电线路检修、接地系统检修、现场设备检修。
　　A　系统冗余测试　　　　　　　　　B　系统诊断测试
　　C　系统关联测试　　　　　　　　　D　系统通信测试

40. 控制系统的故障维护是指系统在发生故障后进行的(　　)维护。
　　A　主动性　　　　B　被动性　　　　C　突发性　　　　D　应急性

41. 控制系统的故障维护的内容包括:专业性维护和(　　)。
　　A　用户一般性维护　B　特殊维护　　C　远程维护　　　D　现场维护

42. 控制系统的维护意义是能够有效防止自控系统突然故障的产生,形成可观的(　　)经济效益。
　　A　直接　　　　　B　间接　　　　　C　关联　　　　　D　相关

43. PLC硬件主要故障不包括(　　)。
　　A　主机系统故障　　　　　　　　　B　PLC的I/O端口故障
　　C　组态软件故障　　　　　　　　　D　现场控制设备故障

44. PLC控制的现场传感器和仪表出现故障,在控制系统中一般反映在(　　)的不正常。
　　A　触点　　　　　B　极限位置　　　C　信号　　　　　D　噪声

45. 人机界面产品由硬件和软件两部分组成,硬件中(　　)的性能决定了HMI产品的性能高低,是HMI的核心单元。
　　A　处理器　　　　B　显示单元　　　C　输入单元　　　D　通信接口

46. 余氯仪日常保养维护的内容包括:检查(　　)、指示液的使用情况,及时进行更换等。

A 缓冲液　　　　B 助凝剂　　　　C 混凝剂　　　　D 标准液

47. 浊度仪日常保养维护的内容包括：擦洗控制器外部、清洗光电池窗口、清洗浊度仪本体及气泡捕集器、定期（　　），定期校准等。

A 更换灯泡　　　B 清洗灯泡　　　C 维修灯泡　　　D 更换灯座

48. 将氯投入到水中，经一定时间接触后，仪表测量的余氯为（　　）。

A 游离性氯　　　　　　　　　　　B 结合性氯
C 游离性氯与结合性氯的总称　　　D 次氯酸

49. 氨氮在线分析仪清洗溶液的成分通常为（　　）。

A 浓硫酸　　　　B 稀盐酸　　　　C 纯净水　　　　D 高锰酸钾

50. 在线式浊度仪正常运行时，水样稳定流入仪表中，将管道和仪表本体完全润湿，最终从仪表的（　　）流出。

A 试样进口　　　B 试样排水口　　C 维修排水口　　D 气泡捕集器

51. 施工质量事故预防的具体措施包括：（　　）；严格按照基本建设程序办事；认真做好工程地质勘察；科学加固处理好地基；进行必要的设计审查复核；严格把好建筑材料及制品的质量关；对施工人员进行必要的技术培训；加强施工过程的管理；做好对不利施工条件和各种灾害的预案；加强施工安全与环境管理等。

A 严格依法进行施工组织管理　　　B 禁止工程承包
C 禁止工程转包　　　　　　　　　D 禁止工程分包

52. 施工质量事故的处理方法包括：（　　）、加固处理、返工处理、限制使用、不作处理及报废处理等。

A 修补处理　　　B 防水处理　　　C 防火处理　　　D 防腐处理

53. 施工质量事故发生的原因大致有：（　　）；违背基本建设程序，勘察设计的失误；施工的失误；自然条件的影响等。

A 非法承包、偷工减料　　　　　　B 合法承包、偷工减料
C 施工资金不足　　　　　　　　　D 施工人力不足

54. 供水单位电耗指每供出单位体积的水需要消耗的电量，反映供水用（　　），供水单位电耗＝总用电量/供水量。

A 电成本　　　　B 人力成本　　　C 设备成本　　　D 总成本

55. 供水单位电耗是生产运行的重要能耗参数，供水单位电耗（　　）运行越经济。

A 越高　　　　　B 越低　　　　　C 减少　　　　　D 增多

56. 降低供水单位电耗的主要手段是合理调度一、二泵房台时，控制好（　　），降低生产过程中的水耗。

A 沉井水位　　　B 回收池水位　　C 清水池水位　　D 平流池水位

57. 供水单位矾耗是指：单位体积的水中所投加混凝剂的质量，通常为每立方米的水中所投加混凝剂的（　　）。

A 克数　　　　　B 千克数　　　　C 吨数　　　　　D 千吨数

58. 硬聚氯乙烯管只在强腐蚀性场所使用，通常普通场合采用（　　）。

A 电气管　　　　B 镀锌钢管　　　C PE 管　　　　　D 紫铜管

59. 仪表电缆敷设中，一般控制电缆应使用（　　）V 直流兆欧表测绝缘电阻。

107

A 100　　　　　　B 500　　　　　　C 1000　　　　　　D 2500

60. 兆欧表表头可动部分的偏转角只随被测（　　）而改变。

A 电流　　　　　　B 电压　　　　　　C 电阻　　　　　　D 功率

得　分	
评分人	

二、判断题（共20题，每题1分）

（　　）1. HMI的接口种类很多，有RS232、RS485、RJ45等网线接口。

（　　）2. PLC通电前检查包括核对全部电源线、信号线、同轴电缆等连接无误。电缆、导线绝缘电阻符合要求。各接地系统的接地电阻符合设计要求。

（　　）3. HACH SC200通用型数字控制器可单独使用，不可同时连接数字和模拟传感器，还可与pH、电导率、溶解氧和流量传感器一起使用。

（　　）4. 安装电容式物位计时应根据现场实际情况选取合适的安装点，要避开下料口及其他料位剧烈波动或变化迟缓的地方，要做好信号线的屏蔽接地，防止干扰。

（　　）5. 安装超声波物位计传感器与罐壁距离要大于储罐直径的1/6。

（　　）6. 电磁流量计的传感器可以安装在大功率电机或变压器附近。

（　　）7. 电磁流量计的传感器的测量管、外壳、屏蔽线都要接地。

（　　）8. 压力变送器的用途是在工业过程中对压力、流量、液位的测量和控制。

（　　）9. 酸性水溶液中，pH<7。pH越小，表示酸性越弱。

（　　）10. 便携式气体检测仪只能设定高浓度报警。当检测结果超出预先设置的报警设定值，仪器便以声、光及振动报警提醒。

（　　）11. 气体传感器是用来检测气体的成分和相对密度的传感器。

（　　）12. 无论控制规律如何组合，根据反馈控制系统按偏差进行控制的特点，比例控制必不可少，也就是说，在各控制规律组合中，比例控制是主控制，而其他如积分、微分则为附加控制。

（　　）13. 反馈控制又称偏差控制，其控制作用是通过给定值与反馈量的差值进行的。

（　　）14. 安全生产中的经济投入是企业额外的支出，会影响企业的经济收入。

（　　）15. 安全帽是保护使用者头部免受外物伤害的个人防护用具。按使用场合性能要求不同，分别采用普通型或电报警型安全帽。

（　　）16. 地线使用前必须认真检查接地线是否完好，夹头和铜线连接应牢固，一般先用焊锡焊牢，再用螺丝拧紧。

（　　）17. 仪表接线的芯线应以线束形式绑扎整齐，线束应分层合理。芯线的标号可按照个人习惯进行标记。

（　　）18. 导压管弯曲时，要保证弯曲半径不能小于导压管直径的2倍。

（　　）19. 利用微处理器的控制和计算功能，智能仪器可实现程控、记忆、自动校正、自诊断故障、数据处理和分析运算等功能。

（　　）20. 智能仪表是将传感器采集的被测参量的信息转换成光信号，经滤波去除干扰后送入多路模拟通道。

得　分	
评分人	

三、多选题（共 10 题，每题 2 分。每题的备选项中有两个或两个以上符合题意。错选或多选不得分，漏选得 1 分）

1. 现代 SCADA 系统不但具有过程自动化的功能，也具有管理信息化的功能，而且向着决策智能化方向发展。现代 SCADA 系统一般采用多层体系结构，其中包括（　　）。
   A　设备层　　　　　　　　　　　B　控制层
   C　调度层　　　　　　　　　　　D　信息层
   E　监控层

2. PLC 现场控制设备的故障包括（　　）。
   A　继电器　　　　　　　　　　　B　阀门
   C　开关　　　　　　　　　　　　D　接触器
   E　传感器

3. PLC 组态软件的特点包括实时多任务，即在同一台计算机上同时执行多个任务，其中包括（　　）。
   A　数据采集与输出　　　　　　　B　数据处理与算法实现
   C　图形显示及人机对话　　　　　D　存储、搜索管理
   E　实时通信

4. HMI 系统具备的基本功能包括（　　）。
   A　实时的资料趋势显示　　　　　B　自动记录资料
   C　历史资料趋势显示　　　　　　D　报表的产生与打印
   E　警报的产生与记录

5. 智能仪表的通信方式除传统接口外，一般还采用多种通信协议，其中包括：Modbus-RTU、（　　）等。
   A　CAN　　　　　　　　　　　　B　Profinet
   C　HART　　　　　　　　　　　 D　Profibus
   E　SPI

6. 智能仪表的选型要求中参数配置主要包括：（　　）、温度系数、过载能力等。
   A　测量精度　　　　　　　　　　B　响应速度
   C　报警信号　　　　　　　　　　D　工作环境
   E　通信接口

7. PLC 主机系统故障主要包括：（　　）。
   A　电源系统故障　　　　　　　　B　通信网络系统故障
   C　I/O 端口故障　　　　　　　　 D　现场控制设备故障

E 上位机服务器故障

8. 余氯仪测量时发现样品从色度计中溢出,其原因可能是(　　)。(以哈希 CL17 余氯仪为例)

 A 排液管路堵塞　　　　　　　B 仪表未处于工作状态
 C 排液管路出现气封　　　　　D 未加搅拌棒
 E 排液管路未出现气封

9. COD 在线分析仪测量时试剂不被计量的原因可能是(　　)。

 A 试剂对应的泵故障　　　　　B 与试剂相连接的管路堵塞
 C 试剂已用完　　　　　　　　D 与试剂相连接的管路存在弯折现象
 E 仪器周围环境温度过高

10. 仪表安装程序可分为三个阶段,即(　　)。

 A 准备阶段　　　　　　　　　B 移交阶段
 C 施工阶段　　　　　　　　　D 测试阶段
 E 验收交工

仪器仪表维修工（供水）（五级 初级工）

操 作 技 能 试 题

[试题1] 供水工艺流程中仪器仪表的配备

考场准备（每人一份）：

序号	名称	规格	精度	单位	数量	备注
1	答题纸			份	1	
2	草稿纸			张	1	
3	计时器			个	1	

考生准备：
黑色、蓝色的签字笔。
考核内容：
（1）本题分值：100分
（2）考核时间：15min
（3）考核形式：笔试
（4）具体考核要求
① 在指定地点考试作答。
② 在规定时间内完成答卷。
③ 用黑色、蓝色的钢笔或签字笔答题。
④ 试卷卷面干净整洁，字迹工整。
⑤ 根据水厂生产现状，列出加矾间、V形滤池、加氯间、二泵房这些重要单体需要配备哪些仪器仪表。
（5）评分
配分与评分标准：

序号	考核内容	考核要点	配分	考核标准	扣分	得分
1	加矾间	正确列出加矾间配备仪表	25	答对3个得满分，不足1处，扣2分		
2	V形滤池	正确列出V形滤池配备仪表	20	答对2个得满分，不足1处，扣2分		
3	加氯间	正确列出加氯间配备仪表	20	答对2个得满分，不足1处，扣2分		

续表

序号	考核内容	考核要点	配分	考核标准	扣分	得分
4	二泵房	正确列出二泵房配备仪表	25	答对4个得满分，不足1处，扣2分		
5	卷面书写	卷面书写要求整洁规范	10	（1）未做到字迹工整、页面整洁，酌情扣1～3分；（2）不规范涂改1次扣1分，规范涂改超过3次，每增加1次扣1分；（3）该项扣完为止		
6	操作时间	15min内完成	—	操作时间应控制在15min内，超过规定时间未完成者，考核中止，上交试卷		
	合计		100			

否定项：若考生发生下列情况之一，则应及时终止其考核，考生该试题成绩记为零分。
(1) 不服从现场工作人员或考评员的组织安排、扰乱考核秩序者，该项目以零分计，并驱逐出考场；
(2) 有弄虚作假、篡改数据等行为者，该项目以零分计

评分人：　　　　年　月　日　　　　　　　　核分人：　　　　年　月　日

[试题2] 判别现场仪器仪表是否处于正常工作状态

考场准备（每人一份）：

序号	名称	规格	精度	单位	数量	备注
1	答题纸			份	1	
2	草稿纸			张	1	
3	计时器			个	1	

考生准备：
黑色、蓝色的签字笔。
考核内容：
(1) 本题分值：100分
(2) 考核时间：30min
(3) 考核形式：实操
(4) 具体考核要求
① 在指定地点考试。
② 在规定时间内完成答题。
③ 用黑色、蓝色的钢笔或签字笔记录。
④ 记录表干净整洁，字迹工整。

⑤ 根据巡视规程,对二泵房仪表间部分在线仪表进行巡查,判断相关仪表是否处于正常状态,并回答相关水质指标合格范围。

(5) 评分

配分与评分标准:

序号	考核内容	考核要点	配分	考核标准	扣分	得分
1	浊度仪	浊度仪是否处于正常运行状态	10	答错不得分		
		出厂水浊度的合格范围	10	答错不得分		
		浊度仪测量数值偏差大的可能原因分析	10	答对2个得满分,不足1处,扣3分		
2	压力表	压力表是否处于正常运行状态	10	答错不得分		
3	余氯仪	余氯仪是否处于正常运行状态	10	答错不得分		
		水厂出厂水余氯的合格范围	10	答对2个得满分,不足1处,扣3分		
4	pH计	pH计是否处于正常运行状态	5	答错不得分		
		出厂水pH的合格上下限	10	答对2个得满分,不足1处,扣3分		
5	流量仪	流量仪是否处于正常运行状态	5	答错不得分		
6	COD仪	COD仪是否处于正常运行状态	10	答错不得分		
		水厂出厂水COD的合格范围	10	答错不得分		
7	答题时间	30min内完成	—	答题时间应控制在30min内,超过规定时间未完成者,考核终止		
	合 计		100			

否定项:若考生发生下列情况之一,则应及时终止其考核,考生该试题成绩记为零分。

(1) 不服从现场工作人员或考评员的组织安排、扰乱考核秩序者,该项目以零分计,并驱逐出考场;

(2) 有弄虚作假、篡改数据等行为者,该项目以零分计;

(3) 考生发生操作失误造成设备损坏或人员受伤,该项目以零分计

评分人:　　　　　　年　月　日　　　　　　　核分人:　　　　　　年　月　日

仪器仪表维修工（供水）（四级 中级工）

操作技能试题

[试题1] 绘制出哈希 inter2 氨氮在线分析仪的硬件组成简图并注文字说明。简述仪表测量时管路及硬件设备配合使用的工作流程

考场准备（每人一份）：

序号	名称	规格	精度	单位	数量	备注
1	答题纸			份	1	
2	草稿纸			张	1	
3	计时器			个	1	

考生准备：

黑色、蓝色的签字笔。

考核内容：

（1）本题分值：100分

（2）考核时间：15min

（3）考核形式：笔试

（4）具体考核要求

① 在指定地点考试作答。

② 在规定时间内完成答卷。

③ 用黑色、蓝色的钢笔或签字笔答题。

④ 试卷卷面干净整洁，字迹工整。

⑤ 掌握哈希 inter2 氨氮在线分析仪的硬件组成；能够掌握仪表的工作流程。

（5）评分

配分与评分标准：

序号	考核内容	考核要点	配分	评分标准	扣分	得分
1	管路的绘制	管路连接完整且正确	15	（1）错误1项扣2分； （2）不规范表述1项扣1分； （3）该项扣完为止		
2	硬件设备的绘制	硬件设备齐全	40	（1）漏1项扣2分； （2）错误1项扣2分； （3）不规范表述1项扣1分； （4）该项扣完为止		

续表

序号	考核内容	考核要点	配分	评分标准	扣分	得分
3	仪表测量时的工作流程的说明	仪表测量时的工作流程的说明正确	40	(1) 漏1项扣2分； (2) 不规范表述1项扣2分； (3) 该项扣完为止		
4	卷面书写	卷面书写要求整洁规范	5	(1) 未做到字迹工整、页面整洁，酌情扣1~3分； (2) 不规范涂改1次扣1分，规范涂改超过3次，每增加1次扣1分； (3) 该项扣完为止		
5	完成时间	15min内完成	—	操作时间应控制在15min内，超过规定时间未完成者，考核中止，上交试卷		
合计			100			

否定项：若考生发生下列情况之一，则应及时终止其考核，考生该试题成绩记为零分。
(1) 不服从现场工作人员或考评员的组织安排、扰乱考核秩序者，该项目以零分计，并驱逐出考场；
(2) 绘制简图严重错误；
(3) 仪表测量时的工作流程的说明严重错误

评分人：　　　　　年　月　日　　　　　　核分人：　　　　　年　月　日

[试题2] 哈希1720E型在线浊度仪的维护和校准

考场准备（每人一份）：

序号	名称	规格	单位	数量	备注
1	在线浊度仪	HACH 1720E	台	1	
2	标准液	20NTU	L	1	
3	标准桶	哈希专用	个	1	
4	量杯	500mL	个	1	
5	软刷		个	2	
6	硬刷	直径30mm	个	2	
7	棉签		包	1	
8	软布		块	1	

考生准备：
黑色、蓝色的签字笔、计算器。

考核内容：
（1）本题分值：100分
（2）考核时间：30min
（3）考核形式：实操
（4）具体考核要求
① 在指定地点考试。
② 在规定时间内完成实验操作。
③ 用黑色、蓝色的钢笔或签字笔记录。
④ 记录表干净整洁，字迹工整。
⑤ 根据仪器操作说明书，正确规范地对1720型在线浊度仪进行维护和校验。
（5）评分
配分与评分标准：

序号	考核内容	考核要点	配分	评分标准	扣分	得分
1	准备工作	维护校准工具及试剂齐全	5	（1）检查少1项，扣1分； （2）未检查不得分； （3）该项扣完为止		
2	浊度仪的维护	清洗控制器外部，擦洗时保证控制器外壳关闭严密	15	（1）操作错误1处，扣5分； （2）操作不规范，扣5分； （3）操作不熟练，扣5分； （4）未进行本项操作，不得分； （5）该项扣完为止； （6）未检查控制器外壳是否关闭严密，扣5分		
3		清洗光电池窗口	15	（1）操作错误1处，扣5分； （2）操作不规范，扣5分； （3）操作不熟练，扣5分； （4）未进行本项操作，不得分； （5）该项扣完为止		
4		清洗浊度仪本体及气泡捕集器	15	（1）操作错误1处，扣5分； （2）操作不规范，扣5分； （3）操作不熟练，扣5分； （4）未进行本项操作，不得分； （5）该项扣完为止		

续表

序号	考核内容	考核要点	配分	评分标准	扣分	得分
5		进入"主菜单"中的"校准程序"	15	(1) 操作错误1处，扣5分； (2) 操作不规范，扣5分； (3) 操作不熟练，扣5分； (4) 未进行本项操作，不得分； (5) 该项扣完为止		
6	浊度仪的校准	向圆筒或仪表本体灌入20NTU标准溶液，重新安装首部	15	(1) 操作错误1处，扣5分； (2) 操作不规范，扣5分； (3) 操作不熟练，扣5分； (4) 未进行本项操作，不得分； (5) 该项扣完为止		
7		显示测量结果，并完成校准	15	(1) 操作错误1处，扣5分； (2) 操作不规范，扣5分； (3) 操作不熟练，扣5分； (4) 未进行本项操作，不得分； (5) 该项扣完为止		
8	记录填写	记录填写要求规范	5	(1) 记录错误1处，扣1分； (2) 记录不规范，扣5分； (3) 未进行记录，不得分； (4) 该项扣完为止		
9	试验时间	规定时间内完成（30min）		完成时间应控制在30min内，超过规定时间未完成者，考核终止		
	合计		100			

否定项：若考生发生操作失误造成仪器损坏或人员受伤的，则应及时终止其试验，考生该试题成绩记为零分

评分人：　　　年　月　日　　　　　　　　　　核分人：　　　年　月　日

仪器仪表维修工（供水）（三级 高级工）

操 作 技 能 试 题

[试题1] 编制仪表的维护规程（以哈希1720E浊度仪为例）

考场准备（每人一份）：

序号	名称	规格	精度	单位	数量
1	答题纸			份	1
2	草稿纸			张	1
3	计时器			个	1

考生准备：

黑色、蓝色的签字笔。

考核内容：

（1）本题分值：100分

（2）考核时间：15min

（3）考核形式：笔试

（4）具体考核要求

① 在指定地点考试。

② 在规定时间内完成答卷。

③ 用黑色、蓝色的钢笔或签字笔记录。

④ 试卷卷面干净整洁，字迹工整。

⑤ 编制哈希1720E浊度仪的维护规程：

a. 制定维护日程表；

b. 清洗内容；

c. 校正内容；

d. 更换内容。

（5）评分

配分与评分标准：

序号	考核内容	考核要点	配分	评分标准	扣分	得分
1	编制维护日程表	制定详细的维护工作内容和维护的频次： （1）清洗流程； （2）校正流程； （3）更换流程； （4）维护频次	15	（1）未进行本项编写，不得分； （2）少编写或者编写有错误，扣2分； （3）该项扣完为止		

续表

序号	考核内容	考核要点	配分	评分标准	扣分	得分
2	清洗内容	控制器外部的清洗	10	(1) 未进行本项编写,不得分; (2) 未编写清洗前要检查控制器外壳是否关闭严密,扣2分; (3) 编写有错误,扣2分; (4) 该项扣完为止		
3		光电池窗口的清洗	10	(1) 未进行本项编写,不得分; (2) 未编写禁止使用含有磨料的清洗剂,扣2分; (3) 未编写清洗内容:沉淀物、污物和矿物质水垢的,扣2分; (4) 编写有错误,扣2分; (5) 该项扣完为止		
4		浊度仪本体的清洗: (1) 切断通过浊度计本体的试样液流。 (2) 从本体上拆下首部总成及气泡捕集器罩盖。垂直提起气泡捕集器,把它拆下,把它放在一旁单独清洗; (3) 从浊度计本体底部拧下塞堵使本体排液; (4) 重新装上排液塞堵,灌入本体清洗溶液直到溢水口高度。该清洗溶液可以含有稀释氯溶液或一种诸如 Liqui-nox 的试验室用清洁剂(在 1L 水中放入 1mL 的清洁剂); (5) 使用一把软毛刷子清洗本体内各个表面; (6) 再次拧下排液塞堵,并用经超滤过的去离子水彻底冲洗浊度计本体。清洗后需要重新安装塞堵	10	(1) 未进行本项编写,不得分; (2) 少编写或者编写有错误,扣2分; (3) 该项扣完为止		
5		气泡捕集器的清洗: (1) 在一个足以容纳浸泡整个气泡捕集器的容器内准备清洗溶液(按上面步骤(4)进行); (2) 使用一个试管刷子,清洗每个表面; (3) 用经超滤过的去离子水彻底清洗气泡捕集器并把它重新安装在浊度计本体内; (4) 重新安装气泡捕集器罩盖并在本体顶部安装首部总成; (5) 恢复试样液流通过仪表	10	(1) 未进行本项编写,不得分; (2) 少编写或者编写有错误,扣2分; (3) 该项扣完为止		

续表

序号	考核内容	考核要点	配分	评分标准	扣分	得分
6	校正内容	校正前的准备工作： (1) 清洗光电管窗口，在进行校正前用去离子水冲洗并用一块柔软不起毛的布擦干； (2) 清洗浊度仪本体和圆筒，在校正前用去离子水冲洗	10	(1) 未进行本项编写，不得分； (2) 少编写或者编写有错误，扣2分； (3) 该项扣完为止		
7		湿式校正： (1) 进入"主菜单"中的"校准程序"，选择"湿态验证"； (2) 向圆筒或仪表本体灌入20NTU标准溶液，重新安装首部； (3) 显示测量结果，并完成校准	10	(1) 未进行本项编写，不得分； (2) 少编写或者编写有错误，扣2分； (3) 该项扣完为止		
8		干式校正： (1) 进入"主菜单"中的"校准程序"，选择"干态验证"； (2) 放入标准20NTU固态标样； (3) 显示测量结果，并完成校准	10	(1) 未进行本项编写，不得分； (2) 少编写或者编写有错误，扣2分； (3) 该项扣完为止		
9	更换内容	灯泡更换： (1) 拔下连接器接头，切断浊度计仪表的电源，断开灯泡引线； (2) 待灯泡已经冷却后，按如下步骤拆卸： 1) 戴上棉布手套保护您的双手并避免把手印留在灯泡上； 2) 抓住灯泡； 3) 逆时针方向旋转灯泡，轻轻地向外拽，直到它离开灯口； 4) 通过灯口内的孔拉出灯泡引线和连接器； 按上述各项说明相反顺序重新安装灯泡，灯泡底座只适用于一种方式，把金属灯泡接口上的凹槽对准灯座内的孔	10	(1) 未进行本项编写，不得分； (2) 少编写或者编写有错误，扣2分； (3) 该项扣完为止		
10	卷面书写	卷面书写要求整洁规范	5	(1) 未做到字迹工整、页面整洁、填写规范，酌情扣1~3分； (2) 不规范涂改1次扣1分，规范涂改超过3次，每增加1次扣1分； (3) 该项扣完为止		

续表

序号	考核内容	考核要点	配分	评分标准	扣分	得分
11	完成时间	规定时间内完成（15min）	—	操作时间应控制在 15min 内，超过规定时间未完成者，考核终止		
	合计		100			

否定项：若考生发生下列情况之一，则应及时终止其考核，考生该试题成绩记为零分。
(1) 不服从现场工作人员或考评员的组织安排、扰乱考核秩序者，该项目以零分计，并驱逐出考场；
(2) 有弄虚作假、篡改数据等行为者，该项目以零分计；
(3) 故障判断严重错误，该项目以零分计；
(4) 处理措施严重错误，该项目以零分计

评分人：　　　　　年　月　日　　　　　　核分人：　　　　　年　月　日

[试题2] 判断和排除比例、前馈、反馈等复杂控制系统出现的故障（现场模拟处理判断仪表和自控系统故障并排除）

考场准备（每人一份）：

序号	名称	规格	精度	单位	数量	备注
1	万用表			台	1	
2	螺丝批			套	1	
3	铜制软导线			m	1	
4	剥线钳			只	1	
5	仪表及PLC系统			套	1	
6	草稿纸			张	1	
7	计时器			个	1	

考生准备：
黑色、蓝色的钢笔或签字笔。
考核内容：
(1) 本题分值：100 分
(2) 考核时间：30min
(3) 考核形式：实操
(4) 具体考核要求
① 在指定地点考试作答。
② 在规定时间内完成模拟故障处理。
③ 用黑色、蓝色的钢笔或签字笔答题。
④ 试卷卷面干净整洁，字迹工整。
⑤ 现场模拟处理判断仪表和自控系统故障并排除，包括：
a. 故障判断分析；
b. 故障排除解决；

c. 故障处理的记录。

(5) 评分

配分与评分标准：

序号	考核内容	考核要点	配分	评分标准	扣分	得分
1	故障判断分析	仪表现场故障： (1) 二次表头故障； (2) 传感器故障	20	(1) 未进行本项，不得分； (2) 错误1项，扣5分。 (3) 该项扣完为止		
		自控系统故障： (1) PLC故障； (2) 线路及相关附件故障	20	(1) 未进行本项，不得分； (2) 错误或者漏1项，扣5分。 (3) 该项扣完为止		
2	故障排除解决	正确使用仪表检修工具对故障点进行检测、排除	20	(1) 未进行本项，不得分； (2) 错误或者漏1项，扣5分。 (3) 该项扣完为止		
		对找到的故障点，进行维修处理	20	(1) 未进行本项，不得分； (2) 错误或者漏1项，扣5分。 (3) 该项扣完为止		
		故障处理完，对系统进行试运行，观察有无出现新的故障	10	(1) 未进行本项，不得分； (2) 错误或者漏1项，扣5分。 (3) 该项扣完为止		
3	故障处理的记录	记录填写要求规范	10	(1) 记录错误1处，扣2分； (2) 未进行记录，不得分； (3) 该项扣完为止		
4	操作时间	30min内完成	—	操作时间应控制在30min内，超过规定时间未完成者，考核终止		
	合计		100			

否定项：若考生发生下列情况之一，则应及时终止其考核，考生该试题成绩记为零分。
(1) 不服从现场工作人员或考评员的组织安排、扰乱考核秩序者，该项目以零分计，并驱逐出考场；
(2) 有弄虚作假、篡改数据等行为者，该项目以零分计；
(3) 分析严重错误，该项目以零分计

评分人：　　　　年　月　日　　　　　　　核分人：　　　　年　月　日

[试题 3] PLC 程序编制（现场模拟）

考场准备（每人一份）：

序号	名称	规格	精度	单位	数量	备注
1	PLC 系统			套	1	
2	实验板			套	1	
3	笔记本			台	1	
4	相关软件			套	1	
5	草稿纸			张	1	
6	计时器			个	1	

考生准备：

黑色、蓝色的钢笔或签字笔。

考核内容：

(1) 本题分值：100 分

(2) 考核时间：45min

(3) 考核形式：实操

(4) 具体考核要求

① 在指定地点考试作答。

② 在规定时间内完成 PLC 程序的模拟运行。

③ 用黑色、蓝色的钢笔或签字笔答题。

④ 试卷卷面干净整洁，字迹工整。

⑤ 现场编制 PLC 程序并模拟运行，包括：

a. 硬件设备组态；

b. 画出 PLC 接线图；

c. 按照 PLC 接线图编写程序；

d. 程序下载、调试及模拟运行。

(5) 评分

配分与评分标准：

序号	考核内容	考核要点	配分	评分标准	扣分	得分
1	硬件设备组态	将现场 PLC 与笔记本进行组态通信连接	10	(1) 未进行本项，不得分； (2) 错误 1 项，扣 5 分； (3) 该项扣完为止		

续表

序号	考核内容	考核要点	配分	评分标准	扣分	得分
2	画出 PLC 接线图	根据需要实现的功能定义相关的点位并编制点表	15	(1) 未进行本项，不得分； (2) 错误或者漏 1 项，扣 5 分； (3) 该项扣完为止		
		绘制 PLC 外部输入输出接线图	15	(1) 未进行本项，不得分； (2) 错误或者漏 1 项，扣 5 分； (3) 该项扣完为止		
3	按照 PLC 接线图编写程序	根据点表定义 PLC 标签	10	(1) 未进行本项，不得分； (2) 错误或者漏 1 项，扣 5 分； (3) 该项扣完为止		
		编写 PLC 程序并检查	30	(1) 未进行本项，不得分； (2) 错误或者漏 1 项，扣 5 分； (3) 该项扣完为止		
4	程序下载、调试及模拟运行	将 PLC 程序进行下载，通过现场的实验板进行模拟运行	20	(1) 未进行本项，不得分； (2) 错误或者漏 1 项，扣 5 分； (3) 该项扣完为止		
5	操作时间	45min 内完成	—	操作时间应控制在 45min 内，超过规定时间未完成者，考核终止		
	合计		100			

否定项：若考生发生下列情况之一，则应及时终止其考核，考生该试题成绩记为零分。
(1) 不服从现场工作人员或考评员的组织安排、扰乱考核秩序者，该项目以零分计，并驱逐出考场；
(2) 有弄虚作假、篡改数据等行为者，该项目以零分计；
(3) 分析严重错误，该项目以零分计

评分人：　　　　　年　月　日　　　　　　　　核分人：　　　　　年　月　日

第三部分　参考答案

第1章　供水工程仪表基础知识

一、单选题

1. A　2. B　3. C　4. A　5. D　6. A　7. B　8. A　9. C　10. B
11. B　12. C　13. D　14. B　15. A　16. C　17. C　18. D　19. B　20. C
21. C　22. A　23. C

【解析】

12. 随机误差不能避免。

二、多选题

1. ABC　　2. ABCD　　3. ABC

【解析】

3. 仪表变差产生的主要原因是传动机构的间隙、运动部件的摩擦、弹性元件滞后等内因决定。

三、判断题

1. √　2. ×　3. ×　4. ×　5. √　6. √　7. ×

【解析】

2. 在规定工作条件内，仪表某些性能随时间保持不变的能力称为稳定性。

3. 仪表的精度和其灵敏度无关。

4. 某一测量设备或一次测量来说，测量的绝对误差可以直接反映精度。或者说设备的测量精度决定了测量的绝对误差的范围。

7. 测量复现性是在不同测量条件下，其结果一致的程度。

四、问答题

1. 计算公式为：$\delta = \dfrac{\Delta X}{标尺上限值 - 标尺下限值} \times 100\%$

式中 δ 表示检测过程中相对百分误差；

（标尺上限值－标尺下限值）表示仪表测量范围；

ΔX 表示绝对误差，是被测参数测量值 X_1 和被测参数标准值 X_0 之差

所谓标准值是精确度比被测仪表高 3~5 倍的标准表测得的数值。

2. 计算公式为：变差 $= \dfrac{\Delta_{max}}{标尺上限值 - 标尺下限值} \times 100\%$

式中 $\Delta_{max} = |A_1 - A_2|$，表示最大绝对误差。

3. (1) 疏忽误差；
(2) 缓变误差；
(3) 系统误差；
(4) 随机误差。
4. (1) 变差性和灵敏度；
(2) 精确度；
(3) 复现性；
(4) 稳定性；
(5) 可靠性。
5. 压力、温度、流量、物位、成分。

第 2 章 计 量 知 识

一、单选题

1. C　2. B　3. C　4. B　5. C　6. C　7. C　8. B　9. B　10. C
11. C　12. C　13. D　14. A　15. C　16. B　17. A　18. A　19. B　20. A
21. A　22. D　23. C　24. C　25. A　26. B　27. A　28. A　29. B　30. A

【解析】
18. 最大引用误差与仪表的具体示值无关，可以更好地说明仪表测量的精确程度。
22. N 表示牛[顿]，L 表示升，Pa 表示帕[斯卡]。

二、多选题

1. AB　2. BC　3. CD　4. ABCD　5. ABCD

【解析】
4. h[小]时是国家选定的作为法定计量单位的非 SI 单位。

三、判断题

1. √　2. √　3. √　4. ×　5. ×　6. √　7. ×　8. ×　9. √　10. √

【解析】
4. 国际单位制是在米制的基础上发展起来的一种一贯单位制。
5. 力矩的单位用 kN·m 表示。
7. SI 导出单位是用 SI 基本单位以代数形式表示的单位。
8. 我国在法定计量单位中，为 11 个物理量选定了 16 个与 SI 单位并用的非 SI 单位。

四、问答题

1. (1) 环境条件：
校准如在检定（校准）室进行，则环境条件应满足实验室要求的温度、湿度等规定。校准如在现场进行，则环境条件以能满足仪表现场使用的条件为准。仪器作为校准用的标准仪器，其误差限应是被校表误差限 1/3～1/10。

(2) 人员：
校准虽不同于检定，但进行校准的人员也应经有效地考核，并取得相应的合格证书，只有持证人员方可出具校准证书和校准报告，也只有这种证书和报告才认为是有效的。

2. 校准和检定是两个不同的概念，但两者之间有密切的联系。校准一般是用比被校计量器具精度高的计量器具（称为标准器具）与被校计量器具进行比较，以确定被校计量器具的示值误差，有时也包括部分计量性能。但往往进行校准的计量器具只需确定示值误差。如果校准是检定工作中示值误差的检定内容,那校准可以说是检定工作中的一部分,但校准不能视为检定,况且校准对条件的要求亦不如检定那么严格,校准工作可在生产现场进行,而检定则须在检定室内进行。

3. $F_A = NSP_1 + P_2$

式中　F_A——企业计量器具年送检费用;

　　　N——送检计量器具总数;

　　　S——年送检次数;

　　　P_1——每件计量器具检定费用;

　　　P_2——其他费用,如差旅费、修理费等。

4.（1）应具备一个满足检定规程要求,可开展计量检定工作的环境条件（温度、湿度、振动、磁场等对计量器具的影响）,应尽可能使计量器具的计量性能达到最佳状态。

（2）要有满足精度要求的计量标准器。按一般规定,作为标准器的误差限至少应是被检计量器具的误差限的 1/3～1/10,并且这些标准器都应按计量管理要求溯源。

（3）要有合格的检定人员。进行计量检定工作的人员必须持有"检定员证",只有持证人员才有资格出具计量检定合格证及检定结果数据。"检定员证"由政府计量行政部门或企业主管部门主持考核,成绩合格后颁发,一般有效期 3～5 年。

5. 量值传递系统是指通过检定,将国家基准所复现的计量单位量值通过标准逐级传递到工作用计量器具,以保证被测对象所测得的量值准确一致的工作系统。量值传递是计量领域中的常用术语,其含义是指单位量值的大小,通过基准、标准直至工作计量器具逐级传递下来。它是依据计量法、检定系统和检定规程,逐级地进行溯源测量的范畴。其传递系统是根据量值准确度的高低,规定从高准确度量值向低准确度量值逐级确定的方法、步骤。

6.（1）计量标准器及附属设备的名称、规格型号、精度等级、制造厂编号;

（2）出厂年、月;

（3）技术条件及使用说明书;

（4）定点计量部门检定合格证书;

（5）政府计量部门考核结果及考核所需的全部技术文件资料;

（6）计量标准器使用履历表。

7. 仪表的静态误差是指仪表静止状态时的误差,或被测量对象变化十分缓慢时所呈现的误差,此时不考虑仪表的惯性因素。仪表的动态误差是指仪表因惯性迟延所引起的附加误差,或变化过程中的误差。

8. 当测量结果是若干个其他分量求得时,由其他分量的方差或（和）协方差算得的标准不确定度。

第 3 章　供水自动控制系统基本理论

一、单选题

1. A   2. A   3. A   4. B   5. A   6. B   7. D   8. C   9. B   10. B
11. A   12. B   13. C   14. B   15. C   16. A   17. A   18. D   19. B   20. A
21. C   22. D   23. C   24. A   25. D   26. A   27. B   28. A

【解析】

二、多选题

1. ABC   2. BD   3. ACE   4. AD   5. ABCDE   6. AE
7. BC   8. ABCDE   9. ABCD   10. ABCDE   11. ADE

【解析】

三、判断题

1. ×   2. √   3. ×   4. ×   5. √   6. ×   7. ×   8. √   9. ×   10. ×
11. √   12. √   13. √   14. √   15. ×   16. √   17. √   18. √   19. ×   20. ×
21. √   22. √   23. √   24. ×   25. √

四、问答题

1. （1）信号线（物理量）：带箭头的线段。表示系统中信号的流通方向，一般在线上标注信号所对应的变量；

（2）引出点：信号引出或测量的位置；

（3）比较点：表示两个或两个以上信号在该点相加（＋）或相减（－）；

（4）方框：表示输入、输出信号之间的动态传递关系。

2. （1）信号的测量问题；（2）执行器特性；（3）被控过程的滞后特性；（4）被控对象的时间常数不一样；（5）非线性特性；（6）时变性；（7）本征不稳定性。

3. （1）智能控制的核心是高层控制，能对复杂系统（如非线性、快时变、复杂多变量、环境扰动等）进行有效的全局控制，实现广义问题求解，并具有较强的容错能力。

（2）智能控制系统能以知识表示的非数学广义模型和以数学表示的混合控制过程，采用开闭环控制和定性决策及定量控制结合的多模态控制方式。

（3）其基本目的是从系统的功能和整体优化的角度来分析和综合系统。以实现预定的目标。智能控制系统具有变结构特点，能总体自寻优。具有自适应、自组织、自学习和自协调能力。

（4）智能控制系统具有足够的关于人的控制策略、被控对象及环境的有关知识以及运用这些知识的能力。

(5) 智能控制系统有补偿及自修复能力和判断决策能力。

4. (1) 不必求解微分方程就可以研究零初始条件系统在输入作用下的动态过程。

(2) 了解系统参数或结构变化对系统动态过程的影响。

(3) 可以将对系统性能的要求转化为对传递函数的要求。

5. (1) 上升时间 t_r；(2) 峰值时间 t_p；(3) 调节时间 t_s；(4) 超调量 σ（%）。

第 4 章　电工与电子学知识

一、单选题

1. C　2. C　3. A　4. B　5. C　6. C　7. D　8. B　9. C　10. A
11. B　12. D　13. C　14. A　15. B　16. D　17. A　18. B　19. A　20. B
21. C　22. B　23. A　24. C　25. A　26. C　27. C　28. C　29. C　30. A
31. C　32. B　33. B　34. D　35. D　36. A　37. C　38. D　39. C　40. D
41. B　42. C　43. C　44. B　45. D　46. B　47. B　48. A　49. C　50. B
51. D　52. C　53. C　54. A　55. A　56. C　57. A　58. C　59. B　60. C

【解析】

12. 三极管的工作区域包括：截止区、放大区、饱和区。

16. 数字的数制越高，位数越少。

20. 后备时间是由电池组决定的。

27. KM 表示接触器，QF 表示断路器，FU 表示熔断器。

32. 电阻环数越多，精度越高。

59. 磁电式仪表的工作原理：简单来讲就是靠通入表头内部磁钢的电流产生的磁场力来带动动圈发生偏转，动圈偏转的同时带动指针，其次动圈偏转的同时游丝还要产生一个反作用力矩，向反方向拉抻指针，当磁场力与游丝产生的反作用力矩相等时指针停止从而显示出信号大小。磁电式仪表的固定部分是永久磁铁；可动部分的核心是一组线圈，被测电流流经线圈时，利用通电导线在磁场中受力的原理（即电动机原理），实现可动部分的转动。由于交流信号随时间变化而变化，所以即使通入磁电式表头，也会出现指针在原地震动的现象，无法直接测量交流信号。

二、多选题

1. ABC　2. ACDE　3. ABD　4. AC　5. AB　6. AB　7. ABC
8. ABCE　9. ACD　10. ABD

【解析】

3. 选一个节点作为参考点，这是节点电压法的分析方法。

4. 电阻属于耗能元件，二极管属于单向导电元件。

三、判断题

1. √　2. ×　3. √　4. ×　5. √　6. √　7. ×　8. √　9. √　10. ×
11. √　12. ×　13. √　14. √　15. √　16. ×　17. ×　18. ×　19. √　20. ×

【解析】

2. 在叠加定理中，电压源不作用相当于开路，电流源不作用相当于短路。

4. PN结外加正向电压时，耗尽层变窄，内部电场增强，扩散运动小于漂移运动。

7. 逻辑运算是0和1逻辑代码的运算，二进制运算也是0、1数码的运算。这两种运算实际是不一样的。

12. 继电器的主触头用于主电路，辅助触头用于通断控制电路。

16. 正弦交流电的三要素是最大值、角频率、相位。

17. 无功功率是指在具有电抗的交流电路中，电场或磁场在一周期的一部分时间内从电源吸收能量，另一部分时间则释放能量，在整个周期内平均功率是零，但能量在电源和电抗元件（电容、电感）之间不停地交换。

18. 熔断器在电路中起短路保护作用。

20. 电磁式电工仪表可以用来测量交、直流电压、电流。

四、问答题

1. 在集中参数电路中，任何时刻，流出（或流入）一个节点的所有支路电流的代数和恒等于零，这就是基尔霍夫电流定律，简写为KCL。

2. 在集中参数电路中，任何时刻，沿着任一个回路绕行一周，所有支路电压的代数和恒等于零，这就是基尔霍夫电压定律，简写为KVL。

3. 对电路进行分析计算时，可以将复杂电路的某一部分进行简化，这样可以用一个简单电路代替该电路，使得整个电路简化。只有伏安特性相同的两个电路才能进行代替，这样就保证了该电路未被代替部分的任何电压和电流都保持与原电路相同，这就是电路的等效概念。

4. 基本电路的一般分析方法包括等效变换、支路电流法、节点电位法、叠加原理和戴维南定理等。

5. （1）电源单独作用

当某一电源单独作用时，其他电源"不作用"，即其他电源取零值。

（2）代数和中的正负值

当分别求出各个电源单独作用的"分量"后，求"总量"时即是求各分量的代数和。

6. 主要用于电源滤波、信号滤波、信号耦合、谐振、滤波、补偿、充放电、储能、隔直流等电路中。

7. 主要用于通直流、阻交流，电感器的频率越高，其线圈阻抗越大，利用电感的特性，还可用于阻流圈、变压器、继电器等。

8. （1）具有极高的差模电压放大倍数和共模抑制比，可以近似地认为：运放只放大差模信号而不放大共模信号，即 K_{CMR} 为无穷大。

（2）具有极高的差模输入电阻 r_{id} 及共模输入电阻 r_{ic}。在一般的计算精度下，可完全不考虑它的存在，即可将其输入端看作开路而没有输入电流；

（3）由于运放是高增益的电压放大器件，所以运放具有较小的输出阻抗。

9. 晶体管等器件都具有非线性特性，输出信号不可避免地要产生非线性失真。非线性失真系数用 D 表示，定义为放大电路在某一频率的正弦输入信号作用下，输出信号的谐

波成分总量和基波分量之比，即

$$D = \frac{\sqrt{U_2^2 + U_3^2 + \cdots\cdots}}{U_1} \times 100\%$$

式中，U_1 为基波分量有效值，U_2、U_3 分别为各次谐波分量的有效值。

10. 共射极电路、共集电极电路、共基极电路。

11. 基本逻辑运算有与（AND）、或（OR）、非（NOT）三种。

12. 一类称为组合逻辑电路，另一类称为时序逻辑电路。

13. 第一个特点是电路由两部分组成，一个是组合逻辑电路，另一个是储存单元或反馈延迟电路。第二个是特点是输出-输入之间至少有一条反馈路途。

14. 热继电器整定电流是指长期通过发热元件而不致使热继电器动作的最大电流。当发热元件中通过的电流超过整定电流值的 20% 时，热继电器应在 20min 内动作。热继电器的整定电流大小可通过整定电流旋钮来改变。选用和整定热继电器时一定要使整定电流值与电动机的额定电流一致。

15. 接触器是用来频繁地接通和断开带有负载的主电路或大容量控制电路的电器。接触器不仅能接通和切断电路，而且还具有低电压释放保护作用，适用于频繁操作和远距离控制，是自动控制系统中的重要元件之一。

16. 接触器的主触头可以通过大电流，而中间继电器的触头只能通过小电流。所以，中间继电器只能用于控制电路中。中间继电器一般是没有主触点的，因为其过载能力较小。所以它用的全部是辅助触头，数量比较多。

第 5 章　计算机与 PLC 基础知识

一、单选题

1. A　2. D　3. B　4. A　5. B　6. A　7. C　8. C　9. A　10. A
11. D　12. A　13. C　14. A　15. A　16. D　17. A　18. D　19. C　20. D
21. B　22. B　23. A　24. B　25. C　26. B　27. C　28. C　29. A　30. D
31. A　32. B　33. C　34. B　35. A　36. C　37. B　38. B　39. A　40. C
41. A　42. C　43. B　44. D　45. D　46. A　47. D　48. C　49. C　50. B
51. D　52. D　53. C　54. A　55. B　56. D　57. A　58. C　59. C　60. D

【解析】

2. PIC 是单片机，PID 是比例（P）、积分（I）和微分 D 调节器，PLD 是可编程逻辑器件。

8. OGC 是操作指导控制系统，SCC 是计算机监督控制系统，DDC 是直接数字控制系统。

11. LED 是发光二极管，APD 是雪崩光电二极管，PIN 是光电二极管。

16. 开关量逻辑控制程序是用户程序。

20. 继电控制系统是传统电气工业控制系统。

31. CIMS 是计算机集成制造系统，DAS 是数据采集系统，DCS 是分散控制系统。

46. 单工数据传输只支持数据在一个方向上传输；半双工数据传输允许数据在两个方向上传输，但是，在某一时刻，只允许数据在一个方向上传输，它实际上是一种切换方向的单工通信；全双工数据通信允许数据同时在两个方向上传输，因此，全双工通信是两个单工通信方式的结合，它要求发送设备和接收设备都有独立的接收和发送能力。

59. DCS 是指集散控制系统，DDC 是指直接数字控制系统，FCS 是指现场总线控制系统。

二、多选题

1. ACDE　2. BCD　3. ABCD　4. ABCD　5. ACD　6. AB　7. ACD
8. ABCDE

【解析】

6. 多芯光纤和单芯光纤是按光纤的芯数来分类。

三、判断题

1. √　2. ×　3. √　4. √　5. √　6. ×　7. ×　8. √　9. ×　10. ×
11. √　12. √　13. ×　14. √

【解析】

2. 操作站不是直接与现场设备进行信息交换。

6. CPU 的速度和内存容量是 PLC 的重要参数,它们决定着 PLC 的工作速度。

9. 常规的输出设备不包括键盘。

10. 系统软件是一组支持系统开发、测试、运行和维护的工具软件,其核心是操作系统。

13. 双绞线是由两根彼此绝缘的导线按照一定规则以螺旋状绞合在一起。

四、问答题

1.（1）检测器：主要是获得反馈信息,计算目标值与实际值之间的差值；

（2）控制器：相当于大脑在分析决策上的作用,适时地决定系统应该实施怎样的调节控制；

（3）执行器：完成控制器下达的决定；

（4）对象：被控制的客观实体。

2. 从结构上分,PLC 分为固定式和组合（模块式）两种。固定式 PLC 包括 CPU 板、I/O 板、显示面板、内存块、电源等,这些元素组合成一个不可拆卸的整体。模块式 PLC 包括 CPU 模块、I/O 模块、内存、电源模块、底板或机架,这些模块可以按照一定规则组合配置。

（1）CPU 的构成

CPU 是 PLC 的核心,起神经中枢的作用,每套 PLC 至少有一个 CPU,它按 PLC 的系统程序赋予的功能接收并存贮用户程序和数据,用扫描的方式采集由现场输入装置送来的状态或数据,并存入规定的寄存器中,同时,诊断电源和 PLC 内部电路的工作状态和编程过程中的语法错误等。

（2）I/O 模块

PLC 与电气回路的接口,是通过输入输出部分（I/O）完成的。I/O 模块集成了 PLC 的 I/O 电路,其输入暂存器反映输入信号状态,输出点反映输出锁存器状态。

（3）电源模块

PLC 电源用于为 PLC 各模块的集成电路提供工作电源。同时,有的还为输入电路提供 24V 的工作电源。

（4）底板或机架

大多数模块式 PLC 使用底板或机架,其作用是：电气上,实现各模块间的联系,使 CPU 能访问底板上的所有模块,机械上,实现各模块间的连接,使各模块构成一个整体。

（5）PLC 系统的其他设备：编程设备、人机界面、输入输出设备。

3.（1）工控机主机；

（2）输入接口；

（3）输出接口；

（4）通信接口；

（5）信号调理单元；

（6）远程采集模块；

(7) 工控软件包。

4. 计算机控制系统的硬件一般由主机、常规外部设备、过程输入/输出设备、操作台、接口电路和通信设备等组成。

5. 软件通常分为系统软件和应用软件两大类。

(1) 系统软件是一组支持系统开发、测试、运行和维护的工具软件,核心是操作系统,还有编程语言等辅助工具;

(2) 应用软件是系统设计人员利用编程语言或开发工具编制的可执行程序。

6. 数据采集系统(Data Acquisition System,DAS)是计算机应用于生产过程控制最早、也是最基本的一种类型。生产过程中的大量参数经仪表发送和 A/D 通道或 DI 通道巡回采集后送入计算机,由计算机对这些数据进行分析和处理,并按操作要求进行屏幕显示、制表打印和越限报警。该系统可以代替大量的常规显示、记录和报警仪表,对整个生产过程进行集中监视。因此,该系统对于指导生产以及建立或改善生产过程的数学模型,是有重要作用的。

7. 随着生产规模的扩大,信息量的增多,控制和管理的关系日趋密切。对于大型企业生产的控制和管理,不可能只用一台计算机来完成。于是,人们研制出以多台微型计算机为基础的分散控制系统(Distributed Control System,DCS)。DCS 采用分散控制、集中操作、分级管理、分而自治和综合协调的设计原则,自下而上可以分为若干级,如过程控制级、控制管理级、生产管理级和经营管理级等。DCS 又称分布式或集散式控制系统。

8. 梯形图编程语言的特点是:与电气操作原理图相对应,具有直观性和对应性;与原有继电器控制相一致,电气设计人员易于掌握。

梯形图编程语言与原有的继电器控制的不同点是,梯形图中的能流不是实际意义的电流,内部的继电器也不是实际存在的继电器,应用时,需要与原有继电器控制的概念区别对待。

9. 可分为单工通信与双工通信。单工通信只能沿单一方向发送或接收数据。双工通信的信息可沿两个方向传送,每一个站既可以发送数据,也可以接收数据。全双工方式:数据的发送和接收分别由两根或两组不同的数据线传送,通信的双方都能在同一时刻接收和发送信息。半双工方式:用同一根线或同一组线接收和发送数据,通信的双方在同一时刻只能发送数据或接收数据在 PLC 通信中常采用半双工和全双工通信。

10. 有 CPU 模块、接口模块、电源模块、输入/输出模块、功能模块等。

11. 物理层、数据链路层、网络层、传输层、会话层、表示层和应用层。

12. 优点:

(1) 光纤支持很宽的带宽(1014~1015Hz),覆盖了红外线和可见光的频谱。

(2) 具有很快的传输速率,当前传输速率制约因素是信号生成技术。

(3) 光纤抗电磁干扰能力强,且光束本身又不向外辐射,适用于长距离的信息传输及安全性要求较高的场合。

(4) 光纤衰减较小,中继器的间距较大。

13. 结构简单,挂接或摘除节点容易,安装费用低;由于在环形网络中数据信息在网中是沿固定方向流动的,节点间仅有一个通路,大大简化了路径选择控制;某个节点发生故障时,可以自动旁路,系统可靠性高。所以工业上的信息处理和自动化系统常采用环形网络的拓扑结构。但节点过多时，会影响传送效率，网络响应时间变长。

14．（1）全数字化通信：采用现场总线技术后只用一条通信电缆就可以将控制器与现场设备（智能化的、具有通信口）连接起来，提高了信号传输的可靠性。

（2）系统具有很强的开放性：这里的开放是指对相关标准的一致性和公开性，用户可按自己的需要和对象，把来自不同供应商的产品组成大小随意的系统。

（3）具有强的互可操作性与互用性：实现互连设备间、系统间的信息传送与沟通，可实行点对点，一点对多点的数字通信，不同生产厂家的性能类似的设备可以进行互用。

（4）功能分散到现场设备中完成，仅靠现场设备即可完成自动控制的基本功能，并可随时诊断设备的运行状态。

（5）系统结构的高度分散性：由于现场设备本身已可完成自动控制的基本功能，使得现场总线已构成一种新的全分布式控制系统的体系结构。从根本上改变了现有DCS集中与分散相结合的集散控制系统体系，简化了系统结构。

（6）对现场环境的适应性：工作在现场设备前端，作为工厂网络底层的现场总线，是专为现场环境工作而设计的，它可支持多种传输介质，具有较强的抗干扰能力，能采用两线制实现送电与通信，并可满足本质安全防爆要求等。

第6章 自来水生产工艺和相关基础知识

一、单选题

1. D　2. B　3. A　4. D　5. A　6. B　7. D　8. A　9. A　10. B
11. C　12. D　13. B　14. B　15. A　16. B

【解析】

1. 单层级配料滤池是按滤料层分类的。

2. 气、水反冲洗滤池是按反冲洗方法分类的。

6. 穿孔滤砖的价格较高。

16. 在截留率一定的条件下，水通量越大越好。

二、多选题

1. CDE　2. ACDE　3. BCDE

【解析】

1. 一般把混凝剂水解后和胶体颗粒碰撞、改变胶体颗粒的性质，使其脱稳，称为"凝聚"，在外界水力扰动条件下，脱稳后颗粒相互聚集，称为"絮凝"。

2. 深度处理不是城镇净水厂的常规工艺。

三、判断题

1. ×　2. √　3. √　4. ×　5. √　6. √　7. √　8. √

【解析】

1. 在生活饮用水处理中，每个步骤都是必不可少的。

2. 饮用水处理中后续消毒工艺必不可少。

四、问答题

1. 水的常规处理法通常是在原水中加入的促凝药剂（絮凝剂、助凝剂），使杂质微粒互相凝聚而从水中分离出去，包括混凝（凝聚和絮凝）、沉淀（或气浮、澄清）、过滤、消毒等。

原水 —(絮凝剂)→ 凝聚 → 絮凝 → 沉淀(或澄清、气浮) → 过滤 → 消毒 → 饮用水

2.（1）采用较粗较厚单层均匀颗粒的砂滤层；

（2）采用不使用滤层膨胀的汽水同时反冲兼表面扫洗；

（3）采用气垫分布空气和专用长柄滤头进行气、水分配；

（4）采用在池的两侧壁的V形槽进水和池中央的尖顶堰口排水。

3. 影响混凝效果的因素比较复杂，其中包括水温、pH、碱度、水中杂质性质和浓度以及水力条件等。

4. （1）进水区：进水区是将反应区的水引入沉淀池；

（2）沉淀区：沉淀区是沉淀池的主体，沉淀作用就在这里进行；

（3）出口区：出口区的作用是将沉淀后的清水引出；

（4）存泥区：存泥区的作用是积存下沉污泥。

5. 有效粒径 d_{10}：一定重量的滤料用一组筛子过筛时，其中通过10％滤料重量的筛孔直径。

不均匀系数 K_{80}：$K_{80}=d_{80}/d_{10}$，滤料中通过80％颗粒的筛孔直径与通过10％颗粒的筛孔直径之比。

第 7 章 仪表安装知识与技能

一、单选题

1. D   2. A   3. B   4. C   5. C   6. A   7. D   8. C   9. C   10. B
11. B 12. A 13. A 14. A 15. C 16. B 17. B 18. A 19. A 20. B
21. D 22. A 23. D 24. A 25. B 26. C 27. A 28. B 29. B 30. A

【解析】

14. 仪表电缆敷设应根据先远后近，先集中后分散的原则。

16. A 项属于仪表工程施工规范；C 项属于防雷设计规范；D 项属于管道工程施工规范。

21. 接线时多股绞合的芯线必须使用压接线端子。

25. 硬聚氯乙烯管只在强腐蚀性场所使用，通常普通场合采用镀锌钢管。

28. 仪表电缆敷设中，一般控制电缆应使用 500V 直流兆欧表测绝缘电阻。

30. 敷设完伴热管要进行试压，强度试验压力应为工作压力的 1.5 倍。

二、多选题

1. ABCD   2. ACD   3. ABDE   4. ABE   5. ABCE   6. ABCD
7. ABCDE 8. ABD   9. ABCD   10. ABC 11. ACE

【解析】

3. 钢制槽式电缆桥架最适用于敷设计算机电缆、通信电缆、仪表电缆、电偶电缆及其他高灵敏系统的控制电缆等。

7. 仪表伴热管简称伴管。它的特点包括：功能单一、材质单一、介质单一、管径单一和安装要求不高。

三、判断题

1. √   2. ×   3. ×   4. √   5. √   6. √   7. √   8. √   9. √   10. ×
11. × 12. × 13. × 14. × 15. √ 16. × 17. √ 18. × 19. √ 20. ×
21. √ 22. × 23. √ 24. √ 25. × 26. √ 27. √ 28. √ 29. × 30. ×

【解析】

2. 联动调试是在单体调试成功的基础上进行的，自控系统先手动，系统平稳时，进入自动。

3. 电锤不可以在金属上开孔。

5. 导压管弯曲时，要保证弯曲半径不能小于导压管直径的 3 倍。

10. 电缆桥架安装直线长度超过 50m 时，应采用安装膨胀节，或根据安装时不同的环境温度，在槽板接口处预留适当间隙的热膨胀补偿措施。

11. 金属软管，一般长度 700mm 和 1000mm 两种规格。

12. 保护管的管径由所保护的电缆、电线的芯和外径来决定。

14. 仪表伴热管功能简单，是安装四种管道中最为简单的一种管线。

16. 电缆在汇线槽内要排列整齐，在垂直汇线槽内要用扎带绑在支架上固定；在拐弯、两端等部位需要留有富余长度。

18. 仪表接线的芯线应以线束形式绑扎整齐，线束应分层合理。芯线的标号不可以按照个人习惯进行标记。

20. 材质取决于环境条件，即周围介质特性，强酸性环境不可以使用金属保护管。

22. 电缆桥架垂直段大于 2m 时，应在垂直段上、下端桥架内增设固定电缆用的支架。

25. 对凝固点较低的介质应使用直接伴热。

29. 接地电阻测定仪是常用的校验标准类仪表。

30. 不可以使用砂轮切割机切割木材。

四、问答题

1. （1）《自动化仪表工程施工及质量验收规范》GB 50093—2013；（2）《现场设备、工业管道焊接工程施工规范》GB 50236—2011；（3）《工业金属管道工程施工规范》GB 50235—2010。

2. （1）台式钻床；（2）手电钻；（3）电动套丝机；（4）手动切割机；（5）砂轮切割机；（6）角向磨光机；（7）砂轮机；（8）电锤；（9）冲击电钻；（10）液压弯管机。（十选五）

3. （1）导压管的敷设，在满足测量要求的前提下，要按最短的路径敷设，并且尽量少弯直角弯，以减少管路阻力；

（2）导压管的要求是横平竖直，讲究美观，不能交叉；

（3）测量管路沿水平敷设时，应根据不同测量介质和条件，有一定坡度。其坡度为 1∶10～1∶100。其倾斜方向应保证能排除气体或排放冷凝液；

（4）导压管一般不直埋地下，应架空敷设。在穿墙或过楼板处，应有保护管保护。当导压管与高温工艺设备或工艺管道连接时，要有补偿热膨胀的措施；

（5）导压管在敷设前，管内应清洗干净。需要脱脂的管道，要按《自动化仪表工程施工及质量验收规范》GB 50093—2013 规定，脱脂合格后，才能敷设；

（6）导压管在敷设前，要平直管道。

4. （1）薄壁镀锌有缝钢管；

（2）镀锌焊接钢管；

（3）硬质聚乙烯塑料管。

5. 伴管的目的是保证管道内凝固点较高的介质始终处于流动状态。基于这种原因，对沸点较低的介质，只要保证它不凝固，正常流动就可，不必使介质汽化。介质汽化的结果，对流量测量、压力测量会带来不可忽视的误差，这类介质属于间接伴热，又称轻伴热。但对凝固点较低的介质，如伴热温度不够，要影响介质的流动性。这样的介质必须采取直接伴热，也称重伴热。

第 8 章 常用测量仪器仪表的使用

一、单选题

1. B   2. D   3. A   4. C   5. D   6. A   7. A   8. B   9. A   10. D
11. C   12. B   13. B   14. D   15. C   16. A   17. D   18. D   19. B   20. C
21. D   22. A   23. C   24. B   25. A   26. D   27. C   28. D   29. C   30. A
31. D   32. B   33. A   34. C   35. C   36. D   37. A   38. D   39. C   40. A
41. C   42. B   43. A   44. D   45. D   46. B   47. C   48. D   49. D   50. D
51. A   52. D   53. D   54. B   55. B   56. C   57. B   58. D   59. B   60. B
61. B   62. C   63. D   64. D   65. B   66. B   67. D   68. D   69. B   70. C

【解析】

1. 暂无显示仪表。

5. 电阻为 $3.5 \times 1000\Omega$。

6. 数字式万用表中的快速熔丝管起过流保护作用。

9. 伏安法通过测量电压和电流借助欧姆定律间接测量电阻。

17. 测量运行中的绕线式异步电动机的转子电流,可以用电磁系钳形电流表。

20. 万用表欧姆标度尺中心位置的值表示该挡欧姆表的总电阻。

21. 欧姆表的标度尺刻度是与电流表刻度相反,而且是不均匀的。

24. 一般万用表的 R×10k 挡,是采用提高电池电压方法来扩大欧姆量程的。

26. 兆欧表的测量机构通常采用磁电系比率表。

33. 用直流单臂电桥测量电感线圈的直流电阻时,应先按下电源按钮,再按下检流计按钮。

35. 直流单臂电桥使用完毕,应该先切断电源,然后拆除被测电阻,再将检流计锁扣锁上。

40. 用直流单臂电桥测量一估算值为 500Ω 的电阻时,比例臂应选 0.1。

47. 磁电系检流计的特点是灵敏度高。

53. 双踪示波器中,X 轴偏转系统主要用于放大矩形波扫描信号。

二、多选题

1. AB   2. ABD   3. ABCD   4. AB   5. ACE   6. AD
7. ABC   8. ACDE   9. ABDE   10. ABCDE 11. ACE   12. ABCDE
13. BCDE   14. ABCDE 15. ABCDE 16. BCDE   17. ABD   18. ABCDE
19. BCDE   20. ACDE   21. ABCDE 22. ABCE   23. BCD   24. ABDE
25. ABDE   26. ABCDE 27. ABCDE 28. ACD   29. ABCDE 30. ABCDE

【解析】

8. 瓷瓶应选用 2500V 以上的兆欧表。

9. 电位差计在测量过程中，其工作条件易发生变化（如辅助回路电源 E 不稳定、可变电阻 R 变化等），所以测量时为保证工作电流标准化，每次测量都必须经过定标和测量两个基本步骤，且每次达到补偿都要进行细致的调节，所以操作烦琐、费时。

13. 模拟示波器属于示波器按照信号的不同进行的分类。

17. 电路结构简单是普通示波器的优点；没有时差，时序关系准确是多线示波器的优点。

19. 首先检查兆欧表是否正常工作，将摇表水平位置放置。

20. 在测电气设备对地绝缘电阻时，"L"用单根导线接设备的待测部位，"E"接设备外壳。

24. 表头指针满刻度偏转时流过表头的直流电流值越小，表头的灵敏度越高。

27. 在测电流、电压时，不能带电换量程。

28. 使用指针式万用表测电流时，应将万用表串联到被测电路中；在测量高压或大电流时，不能在测量时旋动转换开关。

三、判断题

1. ×　2. ×　3. √　4. ×　5. √　6. √　7. ×　8. √　9. ×　10. ×
11. ×　12. ×　13. ×　14. ×　15. ×　16. √　17. √　18. ×　19. √　20. √
21. ×　22. √　23. ×　24. ×　25. ×　26. √　27. √　28. ×　29. ×　30. √
31. √　32. √　33. √　34. √　35. √　36. √　37. √　38. √　39. √　40. √
41. ×　42. √　43. √　44. √　45. √　46. √　47. √　48. √　49. √　50. √
51. √　52. √　53. √　54. √　55. √　56. √　57. √　58. √　59. √　60. √
61. ×　62. √　63. ×　64. √　65. √　66. ×　67. √　68. ×

【解析】

1. 绝缘电阻表测电阻属于直接测量法。

2. 万用表测电阻的准确度不高。

7. 电桥上检流计的指针指零，电桥不一定平衡。

10. 绝缘电阻表的测量机构采用电磁系仪表。

11. 一般的绝缘电阻表主要由手摇交流发电机、电磁系比率表以及测量线路组成。

12. 选择绝缘电阻表的原则是要选用灵敏度高的绝缘电阻表。

13. 接地电阻的大小主要与接地线电阻和接地体电阻的大小无关。

14. 接地电阻的大小不能由接地电阻表的标度盘中直接读取。

15. 电动系仪表的准确度较电磁系仪表的准确度低，易受到外磁场的干扰。

18. 电动系仪表的标度尺是不均匀的。

25. 为得到最大的输出功率，低频信号发生器的"阻抗衰减"旋钮应置于最大位置。

28. 调节示波管的控制栅极电压不能使电子束聚焦。

35. 选择仪表时，不一定要求其灵敏度越高越好。

37. 测量误差不是仪表误差。

38. 测量误差主要分为绝对误差、相对误差和附加误差三种。

42. 磁电系仪表不是磁电系测量机构的核心。

50. 目前安装式交流电流表大多采用电动系电流表。

51. 安装式交流电压表一般采用电动系测量机构。

56. 万用表以测量电压、电流、电阻为主要目的。

58. 万用表交流电压挡的电压灵敏度比直流电流挡的低。

59. 直流电流挡是万用表的基础挡。

61. 万用表欧姆挡不可以测量 0~∞ 之间任意阻值的电阻。

63. 示波器中扫描法发生器不可以产生频率可调的正弦波电压。

66. 兆欧表的测量机构采用电动式仪表。

四、问答题

1. 由于万用表的电压挡、电阻挡等都是在最小直流电流挡的基础上扩展而成，直流电流挡的好坏直接影响到其他各量程的好坏，所以说，直流电流挡是万用表的基础挡。

2. 选择万用表电流或电压量程时，最好使指针处在标度尺 2/3 以上的位置；选择电阻量程时，最好使指针处在标度尺的中心位置。这样做的目的是尽量减小误差，当不能确定被测电流、电压的数值范围时，应将转换开关置于对应的最大量程，然后根据指针的偏转程度逐步减小至合适量程。

3. 找一只准确度较高的毫安表或无故障的万用表做标准表，与故障表串联后去测一直流电流。若故障表读数比标准表大得，则为分流电阻开路；若无读数，可将故障表转换开关置于直流电压最低挡，直接去测量一节新干电池的电压，若仍无读数，则为表头线路开路；若有读数且指示值大于 1.6V，则为分流电阻开路。

4. （1）输入电路：作用是把各种不同的被测量转换成数字电压表的基本量程，以满足各种测量的需要。

（2）A/D 转换器：作用是将电压模拟量转换成数字量。它是数字式电压表的核心。

（3）基准电压：向 A/D 转换器提供稳定的直流基准电压。

（4）逻辑控制器：用以控制 A/D 转换的顺序，保证测量的正常进行。

（5）计数器：将由 A/D 转换器送来的数字量以二进制形式进行计数。

（6）译码驱动器：将二进制变换成笔段码送入数字显示器。

（7）数字显示器：显示测量结果。

（8）时钟脉冲发生器：它产生的信号既可作为计数器的填充脉冲，又可作为时间基准送往逻辑控制器，以控制 A/D 转换过程的时间分配标准。

（9）电源：为数字式电压表的各部分提供能源。

5. 提高电桥准确度的条件是：（1）标准电阻 R_2、R_3、R_4 的准确度要高；（2）检流计的灵敏度也要高。

6. 为满足上述条件，双臂电桥在结构上采取了以下措施：（1）将 R_1 与 R_3、R_2 与 R_4 采用机械联动的调节装置，使 R_3/R_1 的变化和 R_4/R_2 的变化保持同步，从而满足 $R_3/R_1 = R_4/R_2$。（2）联结 R_n 与 R_x 的导线，尽可能采用导电性良好的粗铜母线，使 r 趋向于 0。

7. 虽然兆欧表指针的偏转角只取决于两个线圈电流的比值，与其他因素（包括电源电压的高低）无关。但是，若兆欧表的电源电压太低，就不能真实反映在高电压下电气设备绝缘电阻的大小，因此，要求兆欧表的电源电压不能太低。

8. （1）在兆欧表未接通被测电阻之前，摇动手柄使发电机达到 120r/min 的额定转速，观察指针是否指在"∞"位置；

（2）再将端钮 L 和 E 短接，缓慢摇动手柄，观察指针是否指在标度尺的"0"位置；

（3）如果指针不能指在应指的位置，表明兆欧表有故障，必须检修后才能使用。

9. （1）仪器通电之前，应先检查电源的进线，再将电源线接入 220V 交流电源；

（2）开机前，应将"电压调节"旋钮旋至最小，输出信号用电缆从"电压输出"插口引出；

（3）接通电源开关，将"波段"旋钮置于所需挡位，调节"频率"旋钮至所需输出频率（由频率旋钮上可以观察输出频率）；

（4）按所需信号电压的大小，调节"输出细调"旋钮，电压表即可指示出输出电压值。

10. 普通示波器由示波管、Y 轴偏转系统、X 轴偏转系统、扫描及整步系统、电源 5 部分组成。

（1）示波管：作用是把所需观测的电信号变换成发光的图形。

（2）Y 轴偏转系统：作用是放大被测信号。

（3）X 轴偏转系统：作用是放大锯齿波扫描信号或外加电压信号。

（4）扫描及整步系统：扫描发生器的作用是产生频率可调的锯齿波电压。整步系统的作用是引入一个幅度可调的电压，来控制扫描电压与被测信号电压保持同步，使屏幕上显示出稳定的波形。

（5）电源：作用是向整个示波器供电。

第 9 章　常用在线监测仪表的使用、安装与维护

一、单选题

1. A	2. B	3. A	4. B	5. A	6. C	7. B	8. B	9. C	10. D
11. B	12. D	13. B	14. D	15. C	16. D	17. C	18. B	19. C	20. B
21. A	22. A	23. B	24. A	25. A	26. C	27. A	28. D	29. C	30. C
31. C	32. D	33. A	34. A	35. B	36. C	37. A	38. B	39. B	40. A
41. C	42. B	43. D	44. B	45. D	46. B	47. C	48. A	49. C	50. B
51. C	52. A	53. C	54. D	55. A	56. A	57. C	58. B	59. A	60. B
61. D	62. C	63. B	64. B	65. D	66. C	67. C	68. C	69. C	70. C
71. C	72. A	73. B							

【解析】

2. 用差压变送器测量液位的方法是利用静压原理。

3. 超声探头振动较大不是超声波物位计特点。

4. 流量计是指测量流体流量的仪表，它能指示和记录某瞬时流体的流量值。

5. 转子流量计中的流体流动方向是自下而上。

6. 在管道中流动的流体具有动能和位能，在一定条件下这两种能量可以相互转换，但参加转换的能量总和是不变的。

8. 电磁流量计是测量感应电动势信号制成的流量仪表，可用来测量导电液体体积流量。

9. 流量计垂直安装时，转子重心与锥管管轴会相重合，作用在转子上的三个力都平行于管轴。

11. 涡轮流量计是以流体动量矩原理为基础的流量测量仪表。

13. 管内壁结垢会衰减超声波信号的传输，并且会使管道内径变小。

15. 电磁流量计的安装管道要求上游≥5D，下游≥2D。

19. 为了保证弹性式压力计的寿命和精度，压力计的实际使用压力应有一定的限制。当测量稳定压力时，正常操作压力应为量程的 1/3~2/3。

21. 压力检测仪表的安装采样点应选在介质流速稳定的地方。

23. 压力检测仪表的端部（传感器）不应超出工艺设备或管段的内壁。

25. 压力表及压力变送器的垫片通常采用四氟乙烯垫。

27. 压力表安装时取压管与管道连接处的内壁应平齐。

29. 压力表的使用范围一般在它量程的 1/3~2/3 处，如果低于 1/3，则相对误差增加。

30. 工业现场压力表测的压力为表压力。

31. 水厂积水槽使用的潜污泵一般根据浮子液位传感器液位报警运行工作。

33. 超声波物位计是通过测量声波发射和反射回来的时间差来测量物位高度的。

36. 浮球式液位计所测液位越高，则浮球所受浮力不变。

38. 差压变送器的安装高度不应高于下部取压口。

39. 在电容式物位计中，电极一般是由不锈钢制成的，在 60℃ 以下其绝缘材料为聚乙烯。

41. 对于容器内含有杂质结晶凝聚或易自聚的被测液体及黏度较大的被测液体，可选用毛细管式差压变送器以避免测量导管堵塞。

43. 当超声波液位仪的传感器下方有部分水滴附着时，其测量示数波动不定。

45. 不属于物位仪表检测对象的是密度。

47. 可用于温度测试的传感器有热电偶。

49. 热电偶的延长应使用补偿导线。

53. 热端和冷端的温差的数值越大，热电偶的输出电势就越大。

57. 当组成热电偶的热电极的材料均匀时，其热电势的大小与热电极本身的长度和直径大小无关，只与热电极材料的成分及两端的温度有关。

59. 常用热电阻温度计可测 $-200\sim600℃$ 之间的温度。

64. 显示仪表工业中习惯被称为二次仪表。

66. 新型显示记录仪表功能是，以微处理器 CPU 为核心，采用液晶显示屏，把被测信号转换成数字信号，送到随机存储器加以保存，并在彩色液晶屏幕上显示和记录被测变量。

72. 当因传感器精度等外部原因引起测量的温度显示值有误差时，可进入测量值数字补偿设定状态，对测量值进行校正，补偿范围 $-19.9\sim+19.9℃$。

二、多选题

1. ABCDE 2. ABCDE 3. ABCDE 4. ABD 5. ABC 6. ABCDE
7. ABCD 8. ABCD 9. BC 10. AD 11. AD 12. BC
13. ABE 14. ABCD 15. ABCD 16. ABCDE 17. ABCDE 18. ABCD
19. AD 20. AB 21. AB 22. CD 23. AB 24. AB
25. AE 26. ABCDE 27. ABC 28. AC 29. AB 30. ACD
31. ABC 32. ABCD

【解析】

1. 传感器的输出电势与体积流量呈线性关系，而与被测介质的流动、温度、压力、密度及黏度均无关。

3. 速度式流量计：以测量流体在管道中的流速作为测量依据来计算流量的仪表有差压式流量计、变面积流量计、电磁流量计、漩涡流量计、冲量式流量计等。

5. 超声波流量计测量原理一般包括时差法、相差法、频差法。

6. 超声波流量计安装点的选择一般考虑因素有满管、稳流、温度、干扰、压力等。

8. 电磁流量计变送器外壳、屏蔽线、测量导管、变送器两端的管道都要接地且单独设置接地点，绝不能接在电机电气等公用地线或上下水管道上。

10. 压力检测仪表的安装采样点温度采样点在同一管段上时，压力取源部件应在温度取源部件的上游侧；压力取源部件在施焊时要注意端部不能超出工艺设备或工艺管道的内壁。

12. 转子流量计是工业上最常用的一种流量计，又被称面积式流量计，它是以流体流动时的节流原理为基础的流量测量仪表。

14. 遇到含有杂质、结晶、凝聚、易自聚的被测介质，用普通的差压变送器可能引起连接管线的堵塞，此时需要采用法兰式差压变送器。

16. 采用法兰式差压变送器可以解决高黏度、易凝固、易结晶、腐蚀性的液位测量问题。

18. 超声波液位仪启动后，测量值时有时无，其原因可能是接线不正确、液面与仪表间有障碍物、液面波动过大、仪表架存在振动现象。

20. 对于外部相对较大的液位检测仪表安装，考虑到安装、维护的方便，应尽量选在保温以外的位置。

24. 温度检测仪表的安装位置应选取在介质温度变化灵敏和具有迟钝的地方。

28. 双金属温度计在管径 $DN \leqslant 50mm$ 的管道或热电阻、热电偶在管径 $DN \geqslant 70mm$ 的管道上安装时，要加装扩大管。

32. PLC 的 I/O 模块可分为开关量输入（DI）、开关量输出（DO）、模拟量输入（AI）、模拟量输出（AO）。（以 AB PLC 为例）。

三、判断题

1. × 2. × 3. √ 4. √ 5. × 6. √ 7. √ 8. √ 9. × 10. ×
11. √ 12. × 13. √ 14. √ 15. √ 16. √ 17. √ 18. √ 19. √ 20. ×
21. √ 22. √ 23. √ 24. √ 25. √ 26. √ 27. √ 28. × 29. √ 30. √
31. √ 32. √ 33. √ 34. √ 35. √ 36. √ 37. √ 38. √ 39. √ 40. √
41. √ 42. √ 43. √ 44. √ 45. √ 46. √ 47. √ 48. √ 49. √ 50. ×
51. √ 52. √ 53. √ 54. √ 55. √ 56. √ 57. √ 58. √ 59. √ 60. √
61. √ 62. √ 63. √ 64. √ 65. √ 66. √ 67. × 68. √

【解析】

1. 超声波流量计的制造成本和口径无关，在大口径流量计场合有着价格合理、安装使用方便的综合竞争优势。

5. 电磁流量计变送器地线连接在公用上、下水管道上，也必须考虑检测部分的地线连接。

6. 转子流量计是一种非标准流量计。

11. 电磁流量计是根据电磁感应原理工作的，其特点是管道内没有活动部件，压力损失很小，甚至几乎没有压力损失，反应灵敏，流量测量范围大，量程比宽，流量计的管径范围大。

18. 智能压力变送器具有智能化、模块化、抗过载三大特点。

19. 2.5 级压力表的示值误差比 1.6 级小一些。

20. 电容式压力变送器具有结构简单、体积大、动态性能好、电容相对变化大、灵敏度高等优点，因此获得广泛应用。

25. 测量负压是在大气压力大于绝对压力的条件下进行。

27. 安装压力变送器的导压管应尽可能地短，弯头尽可能地少。

28. 压力检测仪表的端部（传感器）不应超出工艺设备或管段的内壁。

29. 压力是工业生产中的重要参数之一，为了保证生产正常运行，必须对压力进行监测和控制。

32. 浮力式液位计是根据浮在液面上的浮球或浮标随液位的高低而产生上下位移，或浸于液体中的浮筒随液位变化而引起浮力的变化原理而工作的。

36. 当差压变送器与容器之间安装隔离罐时，需要进行零点迁移。

37. 对于容器内含有杂质结晶凝聚或易自聚的被测液体及黏度较大的被测液体，可选用毛细管式差压变送器以避免测量导管堵塞。

40. 声波可以在气体、液体、固体中传播，并有一定的传播速度。

41. 声波在穿过介质时会被吸收而衰减，气体吸收最强，衰减最大；液体次之；固体吸收最少，衰减最小。

42. 仪表设备安装前，应当按照设计文件仔细地核对其位号、型号、规格、材质和附件，外观应完好无损。

46. 温度只能通过物体随温度变化的某些特性来间接测量，而用来测量物体温度数值的标尺叫温标。

50. 热电阻测温是基于金属导体的电阻值随温度的增加而增加这一特性来进行温度测量的。

53. 热电阻体的引出线等各种导线电阻的变化会给温度测量带来影响，为消除引线电阻的影响，一般采用三线制或四线制。

54. 温度一次仪表安装按固定形式可分为四种：法兰固定安装；螺纹连接固定安装；法兰和螺纹连接共同固定安装；简单保护套插入安装 。

58. 对控制器进行电源接线，将所有电线插入相应的端子，直到对连接器绝缘且无裸线暴露在外为止。

61. HACH SC200 通用型数字控制器为例，该仪表为可单独使用，也可同时连接数字和模拟传感器，还可与 pH、电导率、溶解氧和流量传感器一起使用。

64. 用导管开口密封塞密封所有控制器上不使用的开口。

66. 仪表设备安装前，应当按照设计文件仔细地核对其位号、型号、规格、材质和附件，外观应完好无损。

67. 由于供水企业的生产要求连续稳定，所以生产设备不仅仅在最优的性能和参数下运行。

四、问答题

1. 流量通常是指单位时间内流经管道某截面的流体的数量，也就是所谓的瞬时流量；在某一段时间内流过流体的总和，称为总量或累计流量。

以体积表示的瞬时流量称为体积流量，以质量表示的瞬时流量称为质量流量。

2. 首先要防止液体中有气体进入并积存在导压管内，其次还应防止液体中有沉淀物析出。为达到上述两点要求，差压变送器位安装在节流装置的下方。但在某些地方达不到这点，或环境条件不具备，需将差压变送器安装在节流装置上方，则从节流装置开始引出的导压管先向下弯,而后再向上,形成 U 形液封,在导压管的最高点安装集气器。

3. (1)结构简单;(2)体积小;(3)动态性能好;(4)电容相对变化大;(5)灵敏度高。

4. (1)取压部件的安装位置应选在介质流速稳定的地方;

(2)压力取源部件与温度取源部件在同一管段上时,压力取源部件应在温度取源部件的上游侧;

(3)压力取源部件在施焊时要注意端部不能超出工艺设备或工艺管道的内壁;

(4)测量带有灰尘、固体颗粒或沉淀物等混浊介质的压力时,取源部件应倾斜向上安装。在水平工艺管道上应顺流束成锐角安装;

(5)当测量温度高于 60℃的液体、蒸汽或可凝性气体的压力时,就地安装压力表的取源部件应加装环形弯或 U 形冷凝弯。

5. 一是通过物位测量来确定容器中的原料、产品或半成品的数量,以保证连续供应生产中各个环节所需的物料或进行经济核算;另一个是通过物位测量,了解物位是否在规定的范围内,以便使生产过程正常进行,保证产品的质量、产量和生产安全。

6. (1)检测元件在容器中几乎不占空间,只需在容器壁上开一个或两个孔即可;

(2)检测元件只有一、两根导压管,结构简单,安装方便,便于操作维护,工作可靠;

(3)采用法兰式差压变送器可以解决高黏度、易凝固、易结晶、腐蚀性、含有悬浮物介质的液位测量问题;

(4)差压式液位计通用性强,可以用来测量液位,也可用来测量压力和流量等参数。

7. (1)组成热电偶的两个热电极的焊接必须牢固;

(2)两个热电极彼此之间应很好地绝缘,以防短路;

(3)补偿导线与热电偶自由端的连接要方便可靠;

(4)保护套管应能保证热电极与有害介质充分隔离。

8. 热电偶一般适用于测量 500℃以上的较高温度,对于 500℃以下的中低温,利用热电偶就不一定恰当。首先,在中低温区热电偶输出的热电势很小,这样小的热电势,对电位差计的放大器和抗干扰措施要求很高,否则就测量不准,仪表维修也困难;其次,在较低的温度区域,冷端温度的变化和环境温度的变化所引起的相对误差就显得很突出,而不易得到全补偿。

9. 对于金属热电阻,由于连接热电阻的导线存在电阻,且导线电阻值随环境温度的变化而变化,从而造成测量误差,因此实际测量时采用三线制接法。

10. 显示仪表直接接收检测元件、变送器或传感器的输出信号,然后经测量线路和显示装置,把被测参数进行显示,以便提供生产所必需的数据,让操作者了解生产过程进行情况,更好地进行控制和生产管理。

控制仪表是一种自动控制被控变量的仪表。它将测量信号与给定值比较后,对偏差信号按一定的控制规律进行运算,并将运行结果以规定的信号输出。工程上将构成一个过程控制系统的各个仪表统称为控制仪表。

第10章 在线水质监测仪表使用、安装与维护

一、单选题

1. A	2. C	3. A	4. C	5. B	6. B	7. A	8. A	9. B	10. C
11. B	12. C	13. B	14. B	15. B	16. B	17. A	18. C	19. C	20. B
21. C	22. D	23. A	24. B	25. B	26. C	27. D	28. C	29. D	30. A
31. C	32. D	33. C	34. A

二、多选题

1. ABC	2. BD	3. AB	4. ABCD	5. AC	6. ABDE
7. AD	8. AC	9. ABCD	10. ABD	11. ABCDE	12. ABE
13. ABCD	14. ABCDE	15. ABCD	16. ABCDE	17. AC

三、判断题

1. ×	2. ×	3. √	4. ×	5. √	6. ×	7. √	8. ×	9. √	10. √
11. √	12. √	13. √	14. √	15. ×	16. √	17. √	18. ×	19. √	20. √
21. ×	22. ×	23. ×	24. √	25. √	26. √	27. √	28. √	29. ×	30. √

【解析】

1. 用赤裸的双手触摸浊度仪的灯泡会减少灯泡的使用寿命。

2. 悬浮物过多会干扰仪表正常测量。

4. 浊度仪标准溶液重复利用会影响校准精度。

6. 浊度仪的试样排水口应保持有水流流出。

8. 余氯仪缓冲溶液适用于测量余氯。

15. 余氯仪色度计经常有水样和试剂流入，需定期校准。

18. pH越小，表示酸性越强。

21. 维护浊度仪时，清洗传感器的频次通常多于校准传感器的频次。

22. COD在线分析仪的零点标液用完后，应更换专门配置的零点标液。

23. 初次运行的浊度仪，示数会出现波动而后趋于稳定。

29. 荧光法溶解氧分析仪在校准时，应避免接触光线。

四、问答题

1.（1）拔下连接器接头，切断浊度仪仪表的电源，断开灯泡引线；

（2）等待灯泡已经冷却；

（3）戴上棉布手套保护双手并避免把手印留在灯泡上；

（4）抓住灯泡并逆时针方向旋转灯泡，轻轻地向外拽，直到它离开灯口；

（5）通过灯口内的孔拉出灯泡引线和连接器。

2. 取下色度计顶部的塞子，将搅拌棒滑落到孔中，确保搅拌棒下落到色度计中，并停留在色度计中，重新插上塞子。

3. （1）使用干净的软布清除传感器端壁上的碎屑。使用干净的温水冲洗传感器；

（2）将传感器浸入肥皂溶液中 2～3min；

（3）使用软毛刷刷洗传感器的整个测量端；

（4）如果仍有碎屑，将传感器的测量端浸入稀酸溶液（如 < 5% HCl）不超过 5min；

（5）用水冲洗传感器，然后将传感器放回肥皂溶液中 2～3min；

（6）使用干净水冲洗传感器。

4. 零点标液、标准溶液、试剂 A、试剂 B。

5. 零点标液、标准溶液、稀硫酸溶液、草酸钠溶液、高锰酸钾溶液。

第 11 章　执行器与其他类型仪表

一、单选题

1. A　　2. D　　3. D　　4. C　　5. D　　6. B　　7. C　　8. A　　9. B　　10. C
11. C　　12. B　　13. C　　14. B　　15. C　　16. B　　17. C　　18. B　　19. C　　20. C

二、多选题

1. ABC　　　2. ABC　　　3. ABCDE　　4. ABCDE　　5. BD
6. AD　　　7. AD　　　8. ABCDE　　9. ABCD　　　10. ABCD

三、判断题

1. √　　2. √　　3. ×　　4. ×　　5. √　　6. ×　　7. √　　8. ×　　9. ×　　10. √
11. ×　　12. √　　13. ×　　14. √　　15. √　　16. √　　17. √

【解析】
3. 便携式气体检测仪可设定高浓度报警与低浓度报警。
4. 气体传感器可用来检测气体的浓度。
6. 颗粒计数器的传感器单元材质比刷子的刷毛要硬,防止刷子刮伤传感器。
8. 电导率仪校准过程中无数据传输。
9. 流体从一端进从另两端出的称为分流三通阀;从两端进从另一端出的又称为合流三通阀。
11. 一般按相对于额定流量系数的百分比、将泄漏指标划分为 8 级。
13. 气体检测仪的平均暴露量极限表示为 TWA。

四、问答题

1. (1) 结构形式和材质;
(2) 泄漏量;
(3) 流量特性;
(4) 额定流量系数及口径;
(5) 调节阀气开、气关形式 。
准备:准备温和的肥皂溶液、温水及餐具洗涤剂、硼砂洗手液或类似的脂肪酸盐。
2. (1) 使用干净的软布清除传感器端壁上的碎屑。使用干净的温水冲洗传感器;
(2) 将传感器浸入肥皂溶液中 2～3 min;
(3) 使用软毛刷刷洗传感器的整个测量端;
(4) 如果仍有碎屑,将传感器的测量端浸入稀酸溶液不超过 5min;

（5）用水冲洗传感器，然后将传感器放回肥皂溶液中 2~3min；

（6）使用干净水冲洗传感器。

3．（1）低浓度报警；

（2）高浓度报警；

（3）短期暴露量极限；

（4）平均暴露量极限。

4．颗粒计数器利用遮光式传感器基于颗粒对光遮挡导致的光强减弱这一光学原理制成，其主要由光源、聚焦系统、传感器探测区、光敏接收管和信号放大电路组成。当颗粒物质通过探测区光束时，会产生遮挡消光现象，光敏接收管接收到的光强减弱，信号放大电路会输出一个与光强变化成正比的电脉冲，电信号的大小直接反映了颗粒投影面积的大小，也就反映了颗粒尺寸的大小。

第 12 章　PLC 控制系统软硬件操作

一、单选题

1. B　2. C　3. C　4. B　5. D　6. C　7. C　8. A　9. D　10. A
11. D　12. A

二、多选题

1. BE　2. ABC　3. ABCD　4. ACE　5. ABCDE　6. ABCDE
7. ABCDE　8. ABCDE

三、判断题

1. √　2. √　3. ×　4. √　5. √　6. √　7. ×　8. √　9. √　10. √

【解析】

3. PLC 组态软件指一些数据采集与过程控制的专用软件。

7. PLC 主机故障包括通信网络故障，其受外部干扰的可能性大，外部环境是造成通信外部设备故障的最大因素之一。

四、问答题

1. 实时的资料趋势显示；自动记录资料；历史资料趋势显示；报表的产生与打印；警报的产生与记录。

2. 进水阀、清水阀、排水阀、气冲阀、水冲阀、排气阀。

3. 数据采集与输出；数据处理与算法实现；图形显示及人机对话；存储、搜索管理；实时通信等。

第13章 安 全 生 产

一、单选题

1. C 2. D 3. C 4. C 5. C 6. D 7. C 8. D 9. B 10. B
11. A 12. A 13. A 14. A 15. A 16. A 17. C 18. B 19. B 20. D

【解析】

3. 自己钻孔加扣带会破坏安全帽的结构，降低安全性。

5. 护目镜一般在电焊、气焊中会用到。

6. 接地线必须使用专用的线夹挂接在导体上，使用专用的线鼻子固定在接地端子上。

7. 需使用绝缘材料。

8. 验电器、绝缘棒和绝缘手套都属于基本安全用具。

二、多选题

1. ACD   2. AC   3. AC

【解析】

2. 谐振过电压、操作过电压都属于内部过电压。

三、判断题

1. √ 2. √ 3. × 4. √ 5. × 6. × 7. √

【解析】

3. 一般先将螺丝拧紧，再用焊锡焊牢。

5. 在医务人员未接替救治前，不应放弃现场抢救，更不能只根据没有呼吸或脉搏的表现，擅自判定伤员死亡，放弃抢救。只有医生才有权做出伤员死亡的诊断。

6. 安全生产中的经济投入是企业必要的支出，同时适当的安全生产经济投入也有利于企业的盈利。

四、问答题

1.（1）当班人员负责本班的安全、文明生产。

（2）负责控制相应的技术参数。

（3）做好巡回检查，发现异常现象应及时处理，处理不了应及时上报。

（4）做好仪表的维护、保养及计划检修工作，确保设备完好运行。

（5）及时消除仪表职责范围内的跑、冒、滴、漏。

2.（1）仪表工应熟知所管辖仪表的有关电气和有毒害物质的安全知识。

（2）在一般情况下不允许带电作业。

（3）在尘毒作业场所，须了解尘毒的性质和对人体的危害采取有效预防措施。作业人员应会使用防毒、防尘用具及穿戴必要的防毒、防尘个人防护用品。

（4）非专责管理的设备，不准随意开停。

（5）仪表工作前，须仔细检查所使用工具和各种仪器以及设备性能是否良好，方可开始工作。

（6）检修仪表时事前要检查各类安全设施是否良好，否则不能开始检修。

（7）现场作业需要停表或停电时，必须与操作人员联系，得到允许，方可进行。电气操作须由电气专业人员按制度执行。

3.（1）直接雷击

它是雷电直接击中电气线路、设备或建（构）筑物，其过电压引起的强大的雷电流通过这些物体放电入地，从而产生破坏性极大的热效应和机械效应，相伴的还有电磁脉冲和闪络放电。这种雷电过电压称为直击雷。

（2）间接雷击

它是雷电没有直接击中电力系统中的任何部分，而是由雷电对线路、设备或其他物体的静电感应或电磁感应所产生的过电压。这种雷电过电压，也称为感应雷，或称雷电感应。

4. 阀型避雷器，主要由火花间隙和阀片组成，装在密封的瓷套管内。火花间隙用铜片冲制而成。每对间隙用厚 0.5～1mm 的云母垫圈隔开。正常情况下，火花间隙能阻断工频电流通过，但在雷电过电压作用下，火花间隙被击穿放电。阀片是用陶料粘固的电工用金刚砂（碳化硅）颗粒制成的。这种阀片具有非线性电阻特性。正常电压时，阀片电阻很大，而过电压时，阀片电阻则变得很小。因此，阀式避雷器在线路上出现雷电过电压时，其火花间隙被击穿，阀片电阻变得很小，能使雷电流顺畅地向大地泄放。当雷电过电压消失、线路上恢复工频电压时，阀片电阻又变得很大，使火花间隙的电弧熄灭、绝缘恢复而切断工频续流，从而恢复线路的正常运行。

5.（1）具有爆炸的危险性。

（2）介质种类繁多，千差万别。易燃易爆介质一旦泄漏，可引起爆燃。有毒介质泄漏，能引起中毒。一些腐蚀性强的介质，会使容器很快发生腐蚀失效。

（3）不同容器的工作条件差别大，有的容器承受高温高压；有的容器在低温环境下工作；有的容器投入运行后要求连续运行。

（4）材料种类多。

仪器仪表维修工（供水）（五级　初级工）
理论知识试卷参考答案

一、单选题（共80题，每题1分）

1. A	2. C	3. D	4. B	5. C	6. C	7. B	8. A	9. B	10. C
11. A	12. D	13. D	14. A	15. A	16. D	17. A	18. B	19. B	20. B
21. B	22. D	23. A	24. A	25. A	26. A	27. A	28. D	29. B	30. A
31. C	32. A	33. D	34. B	35. D	36. C	37. D	38. A	39. D	40. D
41. A	42. B	43. C	44. C	45. D	46. C	47. A	48. B	49. B	50. D
51. C	52. B	53. D	54. A	55. D	56. B	57. A	58. D	59. D	60. C
61. A	62. C	63. C	64. A	65. D	66. C	67. C	68. A	69. A	70. D
71. B	72. C	73. C	74. D	75. C	76. B	77. A	78. D	79. C	80. B

二、判断题（共20题，每题1分）

1. ×	2. ×	3. √	4. √	5. √	6. ×	7. ×	8. √	9. ×	10. √
11. ×	12. √	13. ×	14. ×	15. √	16. √	17. ×	18. ×	19. ×	20. √

仪器仪表维修工（供水）（四级 中级工）理论知识试卷参考答案

一、单选题（共 80 题，每题 1 分）

1. A	2. A	3. C	4. A	5. D	6. D	7. C	8. A	9. C	10. D
11. B	12. C	13. D	14. C	15. C	16. A	17. D	18. B	19. D	20. B
21. C	22. C	23. D	24. B	25. D	26. A	27. B	28. A	29. D	30. D
31. A	32. A	33. C	34. D	35. B	36. A	37. B	38. B	39. A	40. A
41. B	42. A	43. A	44. A	45. D	46. D	47. A	48. A	49. A	50. B
51. B	52. A	53. C	54. A	55. C	56. C	57. A	58. C	59. A	60. C
61. B	62. B	63. B	64. A	65. C	66. D	67. C	68. C	69. C	70. B
71. C	72. B	73. A	74. C	75. D	76. B	77. D	78. A	79. A	80. D

二、判断题（共 20 题，每题 1 分）

1. ×	2. ×	3. √	4. ×	5. ×	6. √	7. √	8. √	9. √	10. √
11. √	12. ×	13. √	14. ×	15. √	16. ×	17. √	18. √	19. √	20. √

仪器仪表维修工（供水）（三级 高级工）
理论知识试卷参考答案

一、单选题（共80题，每题1分）

1. D	2. A	3. C	4. A	5. B	6. A	7. B	8. A	9. A	10. B
11. B	12. A	13. A	14. C	15. D	16. B	17. A	18. A	19. A	20. B
21. C	22. B	23. A	24. D	25. B	26. A	27. A	28. A	29. D	30. A
31. B	32. C	33. C	34. A	35. B	36. A	37. B	38. A	39. A	40. B
41. A	42. B	43. C	44. C	45. A	46. A	47. A	48. C	49. B	50. B
51. A	52. A	53. A	54. A	55. B	56. C	57. A	58. B	59. B	60. C

二、判断题（共20题，每题1分）

1. √	2. √	3. ×	4. √	5. √	6. ×	7. √	8. √	9. ×	10. ×
11. ×	12. √	13. √	14. ×	15. √	16. ×	17. ×	18. ×	19. √	20. ×

三、多选题（共10题，每题2分。每题的备选项中有两个或两个以上符合题意。错选或多选不得分，漏选得1分）

1. ABCD	2. ABCDE	3. ABCDE	4. ABCDE	5. BCD
6. ABD	7. AB	8. AC	9. ABCD	10. ACE